ZEITSCHRIFT FÜR ANGEWANDTE GEOLOGIE

15 JAHRE
DEUTSCHE
DEMOKRATISCHE
REPUBLIK

HERAUSGEGEBEN VON
DEM ZENTRALEN GEOLOGISCHEN INSTITUT
UND DER ZENTRALEN VORRATSKOMMISSION
DER DEUTSCHEN DEMOKRATISCHEN REPUBLIK

AUS DEM INHALT

AKADEMIE-VERLAG · BERLIN

BAND 10 / HEFT 10
OKTOBER 1964
SEITE 509—566

	INHALT	СОДЕРЖАНИЕ	CONTENTS	

Die ZEITSCHRIFT FÜR ANGEWANDTE GEOLOGIE berichtet ständig über folgende Arbeitsgebiete: Geologische Grundlagenforschung und Lagerstättenforschung / Methodik der geologischen Erkundung / Ökonomie und Planung der geologischen Erkundung / Technik der geologischen Erkundung / Geologie und Lagerstättenkunde im Ausland. In der Zeitschrift können alle strittigen Fragen der praktischen Geologie behandelt werden. Die Autoren übernehmen für ihre Aufsätze die übliche Verantwortung.

15JAHRE
DDR

ZEITSCHRIFT FÜR ANGEWANDTE GEOLOGIE

KOLLEKTIVE CHEFREDAKTION

Dr. K. KAUTER (Redaktionssekretär)
Dr. F. STAMMBERGER
Dr. G. TISCHENDORF

BAND 10 · OKTOBER 1964 · HEFT 10

15 Jahre Deutsche Demokratische Republik

Die Deutsche Demokratische Republik, der erste demokratische und friedliebende deutsche Staat der Arbeiter und Bauern, blickt auf ihr 15jähriges Bestehen zurück. Entstanden aus den Ruinen eines vom deutschen Monopolkapital entfesselten verbrecherischen Krieges, hat sie sich zu einem von allen friedliebenden Menschen in der ganzen Welt geachteten Faktor des Friedens und Fortschritts entwickelt. Unter der Führung der Sozialistischen Einheitspartei Deutschlands haben alle Kräfte der Nationalen Front des demokratischen Deutschland gemeinsam daran mitgewirkt, eine moderne und leistungsfähige Industrie und Landwirtschaft aufzubauen, Kultur und Wissenschaft in den Dienst des ganzen Volkes zu stellen und durch eine konsequente Politik der Freundschaft mit allen Völkern einen wesentlichen Beitrag zur Sicherung des Friedens zu leisten. Die hohe internationale Anerkennung dieser politischen, ökonomischen und kulturellen Entwicklung findet ihren Ausdruck in den engen, herzlichen Beziehungen zu den befreundeten sozialistischen Ländern und zu einer Vielzahl weiterer Staaten verschiedener Gesellschaftssysteme. Die ständig wachsende ökonomische Stärke der DDR und ihre konsequente Friedenspolitik haben alle Versuche des westdeutschen Imperialismus, sie zu isolieren, zunichte gemacht.

Am 15. Jahrestag der Gründung der DDR steht mehr denn je fest, daß die Zukunft der deutschen Nation nicht durch die Pläne der imperialistischen Monopole und des Militarismus bestimmt wird, sondern durch die Kräfte des Friedens und des Sozialismus. Die Regierung der DDR und die Sozialistische Einheitspartei Deutschlands setzen ständig alle Kräfte für die Erhaltung des Friedens in Europa und in der ganzen Welt ein. Sie weisen immer wieder den Weg, der über die Normalisierung der Beziehungen beider deutscher Staaten auf der Basis der friedlichen Koexistenz auch zur endgültigen friedlichen Lösung der deutschen Frage führt.

Die Kräfte der DDR werden weiter vermehrt durch den Freundschaftsvertrag mit der UdSSR, dem ökonomisch stärksten Land des sozialistischen Systems, das mit schnellem Tempo der Spitzenstellung unter allen Industriestaaten der Welt zustrebt. Die in diesem Vertrag beschlossene enge Zusammenarbeit auf den Gebieten der Wissenschaft und der Technik schafft die Voraussetzungen für die sichere Lösung der perspektivischen Aufgaben der Wirtschaft der DDR. Das enge Bündnis läßt uns teilhaben an den Reichtümern der sowjetischen Menschen und gibt uns im Kampf um Frieden und friedliche Koexistenz in Deutschland einen starken Rückhalt.

In den 15 Jahren des Bestehens der Deutschen Demokratischen Republik hat unsere Industrie eine stürmische Entwicklung genommen. Die DDR ist zu einem der führenden Industriestaaten der Welt geworden und belegt bei vielen wichtigen Erzeugnissen vorderste Plätze. Diese Entwicklung ist um so höher zu bewerten, als die Industrie der DDR eine ungleich schlechtere Ausgangsbasis hatte als die Industrie der westdeutschen Bundesrepublik und zusätzliche Schwierigkeiten durch die von den Westmächten betriebene Politik der Spaltung Deutschlands und durch die bis zum 13. August 1961 offenen Grenzen auftraten. Durch die Initiative aller Werktätigen konnten diese Schwierigkeiten überwunden und zahlreiche Industriebetriebe wiederaufgebaut oder neugeschaffen werden, unter ihnen das Eisenhüttenkombinat Ost, die Warnowwerft, das Kombinat „Schwarze Pumpe", das Erdölverarbeitungswerk in Schwedt, die Großkraftwerke Lübbenau und Vetschau, Leuna II, das Halbleiterwerk Frankfurt a. d. Oder und viele andere mehr.

Mit der Einführung des neuen ökonomischen Systems der Planung und Leitung der Volkswirtschaft wurden die Voraussetzungen für eine moderne Wirtschaftsführung geschaffen, um auf ihrer Basis in schnellem Tempo die technische Revolution mit hohem Nutzeffekt zu vollziehen.

Eine schnelle Entwicklung haben dank der ständigen Fürsorge der Sozialistischen Einheitspartei Deutschlands die geologische Wissenschaft und die Arbeiten zum Ausbau und zur Erweiterung der mineralischen Rohstoffbasis unseres Landes in den vergangenen 15 Jahren genommen.

Nach der Zerschlagung des Faschismus durch die Rote Armee begann mit dem Wiederaufbau der Wirtschaft auch eine neue Periode in der geologischen Erforschung unseres Territoriums. Unter großen Schwierigkeiten wurden die ersten Arbeiten aufgenommen. Es fehlten damals die Voraussetzungen für eine umfassende geologische Tätigkeit, da weder die erforderlichen Kader noch die notwendigsten wissenschaftlichen und technischen Einrichtungen vorhanden waren. Um so höher ist das Verdienst solcher Aktivisten der ersten Stunde auf dem Gebiet des Aufbaus eines der neuen Ordnung dienenden Geologischen Dienstes, wie Professor Dr. ERICH LANGE und vieler anderer, einzuschätzen.

Wenn in der ersten Etappe der Tätigkeit des Geologischen Dienstes der DDR die Hauptaufgabe in der Sicherung der Vorratsbasis für die wieder in Betrieb genommenen Werke der Montanindustrie bestand, erweiterte sich diese Aufgabe in der späteren Zeit folgerichtig auf die umfassende Erkundung auch der in der zurückliegenden Zeit vernachlässigten Gebiete der Deutschen Demokratischen Republik. Stück für Stück wurden nach sorgfältiger wissenschaftlicher Vorbereitung neue Gebiete in die Erkundung einbezogen, die zu entsprechenden Erfolgen führte. Davon legen die neuen großen Werke der Braunkohlenindustrie, der Kaliindustrie, der Buntmetallgewinnung und andere ein beredtes Zeugnis ab.

Diese Entwicklung setzte die Heranbildung neuer, hochqualifizierter Kader in Geophysik, Geologie und Technik voraus. Es kann heute mit Stolz gesagt werden, daß diese jungen Kader zu fähigen Fachleuten herangewachsen sind und Hand in Hand mit den wenigen älteren Fachleuten die gestellten neuen Aufgaben erfüllen. In gleichem Maße entwickelte sich auch die Erkundungstechnik. Wenn in den ersten Jahren nur veraltete, dem Stand der Technik bei weitem nicht mehr entsprechende und noch dazu äußerst wenige Bohrgeräte, Ausrüstungen, Laboratorien und Werkstätten zur Verfügung standen, verfügt die geologische Erkundung heute über moderne Geräte, Ausrüstungen und Werkstätten. Der Prozeß der Modernisierung und des weiteren Ausbaues der geologischen Kapazität schreitet auch jetzt noch ständig voran.

Als ein für die Wirtschaft der DDR besonders bedeutsames Beispiel muß dabei der Aufbau und die Erweiterung des umfangreichen und komplizierten Apparates für die Erdöl-Erdgaserkundung hervorgehoben werden.

Mit Ausnahme der unbedeutenden Arbeiten im Thüringer Becken gab es auf dem jetzigen Gebiet der DDR vor 1945 keine Such- oder Erkundungsarbeiten auf Erdöl und Erdgas. Mehr noch, es existierte vor 1945 eine Reihe wissenschaftlich haltloser, teilweise sehr geschickt getarnter Meinungen, daß für den Aufbau einer eigenen Erdöl-Erdgaserkundung in der Deutschen Demokratischen Republik keine entsprechenden Voraussetzungen vorhanden seien. Mit Unterstützung sowjetischer Fachleute ist es jedoch, entgegen allen derartigen Meinungen, in einem für die Erschließung von Erdöllagerstätten sehr kurzen Zeitraum gelungen, die Erdölführung des Territoriums der Deutschen Demokratischen Republik zu beweisen. Mit sowjetischer Hilfe wurden moderne Erkundungsbetriebe aufgebaut, eine den Anforderungen der Erkundungstätigkeit gerecht werdende Ausrüstung zum Einsatz gebracht und ein Kollektiv erfahrener Bohrarbeiter, Techniker, Ingenieure und junger Wissenschaftler herangebildet. Damit sind alle Voraussetzungen geschaffen worden, um die entsprechend den Beschlüssen des VI. Parteitages der Sozialistischen Einheitspartei Deutschlands wichtigste Aufgabe auf dem Gebiet der Geologie — die Erkundung von Erdöl und Erdgas für die Industrie der DDR — erfolgreich zu lösen. In den nächsten Etappen dieser Arbeit wird uns die Sowjetunion auch weiterhin eine weitgehende Unterstützung geben. Die enge Zusammenarbeit zwischen den deutschen und sowjetischen Spezialisten bei der Erkundung neuer erdölhöffiger Gebiete und besonders bei der Erforschung des tieferen Untergrundes im Nordteil der DDR hat aus dem Munde des Vorsitzenden des Staatsrates der DDR, WALTER ULBRICHT, anläßlich seines Besuches im Erkundungsbetrieb Grimmen höchste Anerkennung gefunden. Genosse WALTER ULBRICHT stellte vor sowjetischen und deutschen Spezialisten fest, daß die enge Zusammenarbeit bei der Lösung der komplizierten Aufgabe des Aufbaus einer eigenen Erdölindustrie in der DDR der Freundschaftsvertrag in Aktion sei. Durch die anläßlich des Freundschaftsbesuches in der UdSSR abgeschlossenen Verträge wird sich diese Zusammenarbeit noch weiter festigen.

Wenn das Fazit der bisherigen Entwicklung der Deutschen Demokratischen Republik und ihrer Volkswirtschaft seit ihrem nunmehr 15jährigen Bestehen gezogen wird, ist der geologischen Tätigkeit eine ihrer volkswirtschaftlichen Bedeutung und ihren bisherigen Erfolgen entsprechende Würdigung gewiß. Gleichzeitig ist daraus die Verpflichtung abzuleiten, die Anstrengungen bei der Lösung der nächsten, von der Partei der Arbeiterklasse klar umrissenen Aufgaben zum weiteren Ausbau der mineralischen Rohstoffbasis unseres Landes zu vervielfachen. Es geht darum, in kürzesten Zeiträumen entscheidende Erfolge vor allem in der Erdöl- und Erdgaserkundung zu sichern und weiterhin die benötigten Lagerstätten fester mineralischer Rohstoffe und verbesserte Versorgungsmöglichkeiten mit Trink- und Brauchwasser nachzuweisen. Dabei sind die Erfahrungen anderer Länder, vor allem der Sowjetunion und der anderen befreundeten sozialistischen Staaten, mit denen bereits jetzt enge Beziehungen bei der gemeinsamen Lösung der geologischen Aufgaben bestehen, weitestgehend zu nutzen und eine eigene zielstrebige Forschung in Zusammenarbeit mit allen dafür kompetenten Institutionen der DDR zu betreiben. Es geht um einen maximalen Zeitgewinn und eine ständige Verringerung des erforderlichen spezifischen Aufwandes bei der Erkundungstätigkeit. Dabei spielen die richtige Vorbereitung und die weitere Heranbildung hochqualifizierter wissenschaftlicher, technischer und ökonomischer Kader, an der in noch stärkerem Umfang die Hochschulen mitwirken werden, eine große Rolle.

Es unterliegt keinem Zweifel, daß diese Aufgaben entsprechend den Forderungen der Sozialistischen Einheitspartei Deutschlands und den bestätigten Plänen gelöst werden. Dafür bürgt das große Kollektiv der Arbeiter, Techniker, Ingenieure und Wissenschaftler der geologischen Erkundung, dafür ist die brüderliche Unterstützung durch die in der DDR tätigen sowjetischen Spezialisten ein sicheres Unterpfand. Mit dieser Gewißheit und diesem Wissen setzen alle Angehörigen des Industriezweiges der geologischen Erkundung an der Schwelle des nächsten Jahrfünfts des Bestehens des ersten deutschen Arbeiter-und-Bauern-Staates ihre verantwortungsvolle Arbeit mit aller Energie fort.

Dipl.-Berging. *Günther Seidelbach*

Leiter der Abteilung Erdöl-Erdgas und Geologie
des Volkswirtschaftsrates

Die Entwicklung der geologischen Erkundung auf hochwertige Kalisalze in der DDR[1]

JOACHIM LÖFFLER, Halle

(Mitteilung aus dem VEB Geologische Erkundung West, Halle)

Vorbemerkungen

Die große Bedeutung der Kaliindustrie im Rahmen der Volkswirtschaft der DDR und der erhöhte Bedarf der sozialistischen Länder an Kalidüngesalzen machten und machen es erforderlich, der geologischen Erkundung von hochwertigen Kalisalzen mehr als bisher besondere Beachtung zu schenken.

Die DDR und die UdSSR als die einzigen Kaliproduzenten des sozialistischen Lagers haben gemeinsam die Verpflichtung, den in der Perspektive ansteigenden Kalibedarf der Länder des RGW zu decken. Die rasche Steigerung der Produktion von Kalidüngemitteln beider Länder ist eine wichtige Voraussetzung für die Erhöhung der landwirtschaftlichen Produktion des sozialistischen Lagers. Daneben müssen auch den chemischen Industrien der einzelnen Länder in steigendem Maße Kalierzeugnisse als Rohstoff zur Verfügung gestellt werden. Das bedingt die Konzentration von Wissenschaft und Forschung auf bestimmte Schwerpunktaufgaben und die schnellere Erkundung und Übergabe von Kalisalzvorräten.

Die Situation nach 1945

Hatte Deutschland vor dem 1. Weltkrieg die Monopolstellung auf der Erde in der Erzeugung von Kalidüngemitteln inne, kamen nach 1918 weitere europäische und außereuropäische Länder wie Frankreich, Spanien, die Sowjetunion, die USA hinzu. Nach dem 2. Weltkrieg änderte sich die Sachlage noch weitgehender, indem neben der Produktion in beiden deutschen Staaten wieder eine Reihe weiterer Länder, wie z. B. Italien, Kanada und Israel, ihre zum Teil beträchtliche Produktion an Kalisalzen aufgenommen hatten.

Der 2. Weltkrieg fügte der deutschen Kaliindustrie gewaltigen Schaden zu. Nicht nur in der Zerstörung oder Beschädigung von Schacht- und Tagesanlagen, sondern auch in dem Aufbrauch erkundeter Vorräte und der Vernachlässigung der weiteren Erkundung für eine gesicherte Perspektive hinterließ er in diesem Industriezweig seine Spuren. So stand die Kaliindustrie 1945 vor der nicht leicht zu lösenden Aufgabe, die Versäumnisse der Vergangenheit zu überwinden. Gelang die Verbesserung der Vorratssituation unter Tage durch forcierten Streckenaufschluß relativ schnell — in zunehmendem Maße wurden Strecken ins unverritzte Feld gefahren —, war die geologische Erkundung von Kalisalzlagerstätten durch Übertagebohrungen zunächst eine vereinzelte Maßnahme. Auch in den folgenden Jahren wurden Tiefbohrungen meist nur in den Vorfeldern bauender Kaliwerke angesetzt, um den durch die Kriegsjahre vernachlässigten geologischen Vorlauf der Werke zu sichern und deren Perspektive zu erweitern. Die Erkundung durch Übertagebohrungen im Vorfeld bauender Werke wurde seit Anfang 1958 konsequent weitergeführt. Darüber hinaus übernahm ab 1958 die damalige Staatliche Geologische Kommission die Erkundung neuer Kalisalzlagerstätten, um die Vorratsbasis nicht nur einzelner Kaliwerke, sondern der gesamten Kaliindustrie für den Aufbau neuer Werke zu erweitern.

Das Stadium der verstärkten geologischen Erkundung auf Kalisalze

Die in zunehmendem Maße gewonnene Erkenntnis, für eine Produktionssteigerung an Kalidüngesalzen nicht nur die bestehenden Werke zu rekonstruieren, sondern neue Lagerstättenbereiche zu erschließen, war der Auftakt für eine etwa ab 1958 einsetzende verstärkte geologische Erkundung auf Kalisalze durch Übertagebohrungen in bisher unverritzten oder nahezu unverritzten Gebieten. Schwierigkeiten ergaben sich aber insofern, als noch keine klaren Vorstellungen bzw. gar eine Konzeption für die gerichtete Erkundung auf Hartsalz oder Sylvinit vorlagen. Es wurde also zunächst im wesentlichen im Bereich bekannter Strukturen bzw. Gebiete gebohrt, und es wurden der Kaliindustrie Vorräte angeboten, die sich vielmals teils aus Hartsalz und Carnallitit bzw. nur aus Carnallitit zusammensetzten und solcherart eine eindeutige Orientierung der Kaliindustrie erschwerten.

Diese Widersprüche führten dazu, daß zu Beginn des Jahres 1959 durch den Direktor des damaligen Zentralen Geologischen Dienstes der Auftrag erteilt wurde, eine klare Konzeption zur Erkundung von Hartsalz zu erarbeiten. Zur Lösung dieser umfangreichen Aufgabe war eine breite Mitarbeit der Wissenschaftler der verschiedensten Betriebe und Institutionen erforderlich. Diese schlossen sich im April 1959 zur Sektion Kali der Geologischen Gesellschaft in der DDR zusammen. Punkt 1 der Aufgaben dieser ehrenamtlichen Sektion war die „Ausarbeitung eines Forschungsprogramms zur Klärung der Hartsalzgenese und -verteilung im Flöz Staßfurt für die Prognose einer gerichteten Erkundung auf Hartsalz und die Empfehlung der Durchführung an Arbeitsgemeinschaften bzw. Institute".

Die erfolgreiche Tätigkeit der wissenschaftlichen Mitarbeiter dieser Sektion führte zu Erkenntnissen, die für die gesamte spätere Übertagekalisalzerkundung von entscheidender Bedeutung waren bzw. für die Perspektive bis 1980 noch sind. Hierbei handelte es sich um die Prognose eines Hartsalzsaumes an der primären Verbreitungsgrenze des Flözes Staßfurt und um den Nachweis von Sylviniten.

Diese Konzeptionen bestimmten daraufhin das Bild der geologischen Erkundung von Kalisalzen. Begonnene Carnallititerkundungen wurden in ihrem Umfang reduziert bzw. vorfristig eingestellt; eine Salzstock-

[1]) Eingang des Manuskripts in der Redaktion: 3. 7. 1964

erkundung wurde nicht erst eingeleitet. Von der Prognose ausgehend wurden höffige Gebiete in die geologische Erkundung einbezogen, unabhängig von bekannten saxonischen Strukturen und nur unter der Voraussetzung bilanzwürdiger Teufenlage und relativ ruhiger Lagerung.

Das Problem der geologischen Erkundung durch Bohrungen auf hochwertige Kalisalze

Hartsalz bzw. Sylvinit einerseits und Carnallitit andererseits sind Kalisalze unterschiedlicher Qualität und volkswirtschaftlicher Bedeutung. Die fabrikatorische Verarbeitung von Carnallitit verursacht, abgesehen von geringen Gehalten an K_2O, wegen der anfallenden Endlaugen Schwierigkeiten, die sich nach der derzeitigen Situation nur durch aufwendige Investitionen befriedigend lösen lassen. Dies hat zur Folge, daß Hartsalz bzw. Sylvinit für die Kalidüngemittelproduktion der begehrtere Rohstoff ist. Somit rückt die Frage der Erkundung auf Hartsalz bzw. Sylvinit und nicht auf „Kalisalze" schlechthin in den Vordergrund.

Die Hartsalzerkundung bzw. -prognose ist aber noch mit Schwierigkeiten verbunden, da ca. 100 Jahre nach Beginn des ersten Abbaus auf Kalisalze in Staßfurt das Problem der „faziellen" Verteilung Hartsalz—Carnallitit innerhalb der Flöze Thüringen, Hessen und Staßfurt in unseren Zechsteinsalzlagerstätten in seiner Gesamtheit immer noch nicht geklärt ist. Zwar konnte durch G. SEIDEL (1961), aufbauend auf Arbeiten von F. DEUBEL (1946), G. RICHTER-BERNBURG (1955) und E. STOLLE (1959), für das Thüringer Becken empirisch der obengenannte Hartsalzsaum nachgewiesen werden und konnte J. LÖFFLER (1961, 1963) die regionale Verbreitung dieses Hartsalzsaumes für das gesamte östliche und nördliche Zechsteinbecken schlußfolgern, jedoch ist festzustellen, daß die Genese dieses Hartsalzes weiterhin umstritten ist.

Nimmt man z. B. nach dem derzeitigen Stand der Forschung folgende Möglichkeiten der Hartsalzbildung an:

a) primär,
b) sekundär-frühdiagenetisch bzw. diagenetisch,
c) sekundär-epigenetisch (hier weitere Unterteilungen möglich),

so geht schon daraus hervor, welche Schwierigkeiten sich für eine eindeutige Beantwortung des Problems ergeben. Es soll und muß an dieser Stelle darauf verzichtet werden, alle Theorien und verschiedenen Auffassungen aufzuführen und zu interpretieren.

Fußend auf regionalen und paläogeographischen Überlegungen und Erkundungsbefunden wird der Kreis der Anhänger einer primären oder dieser fast gleichzusetzenden frühdiagenetischen Hartsalzentstehung immer größer. Wenn auch nicht alle petrographischen Befunde für primäre oder frühdiagenetische Entstehung sprechen, muß aber als Tatsache hingenommen werden, daß die primäre Sedimentationsgrenze des Staßfurtflözes von einem Hartsalzsaum begleitet wird, dessen Konstanz die Prognose und gerichtete Erkundung durch Übertagebohrungen auf Hartsalz im Gebiet der DDR und der VR Polen erlaubt, sofern es Teufenlage und sonstige tektonische Verhältnisse zulassen. Das schließt nicht aus, daß auch im Beckeninneren Hartsalz vorhanden ist, welches vielleicht mit primären Schwellen- oder Inselregionen in Verbindung gebracht werden könnte, die aber ihrerseits noch ungenügend erforscht sind. Gleichzeitig muß jedoch bemerkt werden, daß hinsichtlich des detaillierten Verlaufs von „Fazieswechseln" durch die Erkundung mittels Übertagebohrungen nur begrenzte Aussagen möglich sind.

Anders liegen die Verhältnisse bei der Sylviniterkundung. Hier können in vielen Fällen Zweifel an einer primären Bildung des Sylvinits wohl weitestgehend ausgeschlossen werden. Schwierigkeiten für eine solche Erkundung bereitet nur die Unkenntnis über das primäre Sedimentationsgebiet. Eine Anzahl Altbohrungen und neuerdings mehrere kalisalzgeologisch ausgewertete Erdöl- bzw. Erdgasbohrungen geben aber Hinweise, welche Gebiete für eine Prognose in Frage kommen.

Die Forderung, neue, hochwertige Kalisalzlagerstätten zu erkunden, führte dazu, ältere Unterlagen zu studieren, in denen sich Hinweise auf eine sylvinitische Ausbildung eines jüngeren, damals stratigraphisch nicht genauer fixierten Flözes fanden, um dann darauf fußend entsprechende Überlegungen anzustellen.

Nachdem nunmehr die ersten Arbeiten sehr erfolgreich verlaufen sind, wird man die Sucharbeiten, unter Beachtung der Teufenlage, fortsetzen, um danach die günstigsten Stellen für die weitere Vorerkundung herauszusuchen.

Die Erfolge der Kalisalzerkundung durch Bohrungen in der DDR

Die Einschränkung „durch Bohrungen" in vorstehender Zwischenüberschrift soll nicht die Erfolge schmälern, die bei der untertägigen Kalisalzerkundung durch die Mitarbeiter der VVB Kali im Rahmen der Erweiterung der bauenden Werke erzielt wurden. Vielmehr liegt es an der Kompetenz des Verf., daß die Beschreibung auf die übertägige Erkundung durch Bohrungen beschränkt bleiben soll.

Seit Aufnahme der Bohrerkundung auf Kalisalze bisher unverritzter Gebiete wurden im Laufe der letzten Jahre mehrere Vorratsberechnungen als Ergebnis entsprechender Erkundungsarbeiten angefertigt oder begonnen.

Unmittelbar zur Folgeinvestition (Abteufen von Schächten, Aufbau eines Werkes) führten aber nur die Ergebnisse, die mit ihren Sylvinitvorräten qualitativ alle übrigen Objekte überragten. Der Einwand, warum dann andere Objekte erst durchgeführt und volkswirtschaftliche Mittel gebunden wurden, ist unberechtigt, wenn die Entwicklung der Erkundung aus der Sicht der zusehends gewonnenen Erkenntnisse betrachtet wird. Ohne Konzeption des Hartsalzsaumes und später der Kenntnis des Vorhandenseins von Sylvinit war eine verstärkte Ausrichtung der Erkundung zunächst auf Carnallitit und danach auf Hartsalz naheliegend. Es kann in diesem Zusammenhang zum Ausdruck gebracht werden, daß die in dieser Arbeitsrichtung erreichten Erfolge der Volkswirtschaft der DDR erheblichen Nutzen erbrachten und die Investitionen der vorhergegangenen Carnallititerkundung aufwiegen.

Die Entwicklung und Perspektive der geologischen Erkundung auf Kalisalze bis 1970 bzw. 1980

Nach den vorliegenden Erkundungskonzeptionen lassen sich als weitere Hauptaufgaben für die Untersuchungsarbeiten bis 1970 ableiten:

1. Für bestehende Gruben: a) Sicherung der Vorratsbasis bauender Werke; b) Einleitung bzw. Fortsetzung des Nachweises günstiger Speicherräume für die Versenkung von Endlaugen.

2. Für neue Werke: Aufnahme bzw. Fortführung von Sucharbeiten auf Hartsalz bzw. Sylvinite in Gebieten bergmännisch günstiger Lagerstättensituation.

3. Für die Forschung: a) Fortsetzung der Kalisalzprognose mit dem Ziel des weiteren Nachweises von Kriterien für die Aufnahme von Sucharbeiten auf Hartsalze und Sylvinite; b) Fortsetzung der geologisch-mineralogischen Untersuchungen unter Tage zur Ableitung weiterer Gesetzmäßigkeiten engräumiger „Fazieswechsel" mit dem Ziel, diese Kriterien auf Suche und Vorerkundung von über Tage anzuwenden.

Zeichnet für die Aufgaben 1a) und zum Teil 1b) und 3b) die VVB Kali verantwortlich, so liegen die übrigen Aufgaben im Verantwortungsbereich der VVB Feste Minerale mit ihren Erkundungsbetrieben und dem Zentralen Geologischen Institut. Gerade die Arbeiten unter Abschnitt 3 sind recht vielseitig und machen die Bearbeitung zahlreicher Unterthemen erforderlich, z. B. das Problem der Vertaubungen, der Verbreitung und Genese des Ronnenberglagers, der Typisierung in den Kalisalzlagern, der Faziesdifferenzierung der Anhydrite u. dgl. m.

Hierbei kann die umfangreiche Arbeit wiederum nur unter weitgehender Mitarbeit aller auf dem Gebiete der Kalisalzerkundung tätigen Geologen und Mineralogen bewältigt werden, allerdings unter Anleitung und Koordinierung des Zentralen Geologischen Instituts der VVB Feste Minerale bzw. der Zentralen Forschungsstelle der Kaliindustrie.

Auch für die Jahre 1970—1980 bleibt im wesentlichen die Hauptrichtung geologischer Erkundungsarbeiten auf Kalisalze die gleiche. Es kommt vor allem auf die Suche von bergwirtschaftlich und verarbeitungstechnisch günstig zu gewinnenden Kalisalzen an.

Zum Schluß seien noch die geophysikalischen Arbeiten erwähnt, die, fußend auf bisherigen positiven Ergebnissen, für die übertägige Kalisalzerkundung speziell zur Anwendung kommen sollen. Einmal sind dies notwendige zusätzliche reflexionsseismische Messungen zur exakten Konturierung von Abbrüchen und Salzstöcken, zum anderen erstrecken sich die geophysikalischen Messungen auf die Feststellung der Salzablaugung in der Nähe der Abbrüche.

Die übrigen geophysikalischen Methoden haben oft gute Ergebnisse für die Kalisalzerkundung geliefert, doch sind ihre Anwendungsbereiche für die Übertageerkundung entweder abgeschlossen oder wie die Nahseismik auf untertägige Verhältnisse beschränkt.

Zusammenfassung

Die Kalisalzerkundung, in den Jahren des 2. Weltkrieges stark vernachlässigt, wurde nach Beendigung des Krieges forciert aufgenommen. Neben umfangreicher untertägiger Erkundung wurden Übertagebohrungen im Vorfeld bauender Gruben niedergebracht. Etwa ab 1958—1960 nahm man darüber hinaus die geologische Erkundung von Kalisalzen in Gebieten auf, die bisher nicht oder kaum durch den Bergbau bekannt waren. Durch diese Erkundungstätigkeit konnten der Industrie mehrere Lagerstätten mit zum Teil beträchtlichen Vorräten nachgewiesen werden. Die geologische Erkundung, zunächst auf Carnallitit angesetzt, wird außerhalb der bauenden Werke bis 1980 nur noch auf Hartsalz bzw. Sylvinit weitergeführt, da in der Zwischenzeit klare Konzeptionen und Vorstellungen erarbeitet wurden, die eine gerichtete Erkundung auf diese Salzarten ermöglichten, so zum Beispiel die Prognose und der Nachweis eines Hartsalzsaumes entlang der primären Verbreitungsgrenze des Flözes Staßfurt.

Резюме

Разведка калийных солей, пренебреженная в последние годы Второй мировой войны, форсировалась после окончания войны. Наряду с обширной подземной разведкой были пробурены надземные скважины в краевых полях эксплуатируемых шахт. Примерно с 1958—1960 г., кроме того, была начата геологическая разведка в районах, которые не были известны или едва были известны из горных работ. В связи с этой разведочной деятельностью удалось установить для промышленности несколько месторождений, частично с значительными запасами. Геологическая разведка, первоначально заложенная на карналлитит, будет продолжена вне пределов эксплуатируемых шахт до 1980 года лишь на твердую соль (гартзальц) или-же сильвинит, так как в промежутке времени были разработаны ясные концепции и представления, позволяющие направленную разведку на эти виды солей, напр., прогноз и установление полосы твердой соли (гартзальц) вдоль первичной границы распространения пласта им. Штасфурт.

Summary

The exploration for potash salt, strongly neglected during the last years of World War II, has been forcibly resumed after the end of the war. Overground boreholes were brought down in the forefield of potash mines being worked in addition to extensive underground exploration. Moreover, from about 1958 to 1960 potash salts have been geologically explored in areas so far unknown or hardly known by mining activities. As a result of exploration, several deposits with partly considerable reserves could be made available for industrial purposes. Outside of mines being worked the geological exploration, at first concentrated on carnallitite, will only be continued for hard salt and sylvinite respectively as far as 1980, because clearly defined conceptions and ideas were elaborated in the meantime and will enable an orientated exploration for these kinds of salt. This is shown by the example illustrating the prognosis and demonstration of a hard-salt fringe along the primary boundary of distribution of the Stassfurt seam.

Literatur

DEUBEL, F.: Gutachten über die innerhalb des Feldes „Preußenhall" zu vermutenden Kalisalzlagerstätten. — Unveröff. Reichst. Bodenforsch., Zweigstelle Jena 1946.

LÖFFLER, J.: Zur Problematik der Hartsalzentstehung. — Ber. Geol. Ges. DDR, 6, 2/3, Berlin 1961.

— Zur Hartsalzverbreitung in Südbrandenburg und im Werrakalisalzgebiet. — Z. angew. Geol., 7, 4, Berlin 1961.

— Zur Hartsalzerkundung durch Übertagebohrungen in der DDR. — Z. angew. Geol., 7, 7, Berlin 1961.

— Die geologischen Perspektiven einer Kalisalzerkundung im Norden der DDR. — Bergbautechnik, 11, 11 (1961).

— Zur Verbreitung des Kalisalzflözes Staßfurt (K2) im östlichen Mitteleuropa. — Z. angew. Geol., 9, 10, Berlin 1963.

— Rechenschaftsbericht der Leitung der Sektion Kali der Geologischen Gesellschaft in der DDR für den Zeitraum vom 14. 4. 1959 bis 14. 10. 1963. — Ber. Geol. Ges. DDR, 9, 2, Berlin 1964.

RICHTER-BERNBURG, G.: Über salinare Sedimentation. — Z. deutsch. Geol. Ges., 105 (1955).

SEIDEL, G.: Zur Kalierkundung im Thüringer Becken. — Z. angew. Geol., 7, 4, Berlin 1961.

STOLLE, E.: Die Entstehung der Kalisalzlagerstätten unter besonderer Berücksichtigung des Südharzgebietes. — Vortrag Geol. Ges. DDR, Ortsverband Jena, Nov. 1959.

— Zur Faziesdifferenzierung im Südharzkalirevier. — Ber. Geol. Ges. DDR, 6, 2/3, Berlin 1961.

— Zur Entwicklungsrichtung im Kalisalzlager Staßfurt unter besonderer Berücksichtigung des Südharzgebietes. — Z. angew. Geol., 9, 1, Berlin 1963.

Geologischer Aufbau, chemische Zusammensetzung und Eignung der Kalziumsulfathorizonte von Thüringen[1])

GERD SEIDEL, Jena

(Mitteilung aus dem VEB Geologische Erkundung West, Halle, BA Jena)

Einleitung

Kalziumsulfate treten in Thüringen nur in den Salinarzyklen des Zechsteins und der Trias auf.

So kommen die Sulfate in den Salinarzyklen des Zechsteins 1, des Zechsteins 2, des Zechsteins 3, des Zechsteins 4, des Oberen Buntsandsteins, des Mittleren Muschelkalks, des Unteren Gipskeupers und des Oberen Gipskeupers vor. Die im Zechstein 4, Oberen Buntsandstein, Mittleren Muschelkalk und Unteren Gipskeuper auftretenden Kalziumsulfate scheiden wegen ihrer geringen Mächtigkeit oder zu starken Verunreinigungen für eine moderne industrielle Verwertung aus. Folgende Sulfathorizonte kommen für eine industrielle Verwertung in Frage: Werraanhydrit, Basalanhydrit, Sangerhäuser Anhydrit, Hauptanhydrit und Heldburggips. Südlich des Thüringer Waldes besitzen diese Sulfathorizonte in den Ausstrichgebieten eine derartig geringe Mächtigkeit, daß in diesem Gebiet eine industrielle Nutzung ausscheidet. Da im Thüringer Wald und im Thüringisch-Fränkischen Schiefergebirge keine Sulfate auftreten, sind die thüringischen abbauwürdigen Kalziumsulfate auf das Thüringer Becken beschränkt (Abb. 1).

Vorkommen, Beschaffenheit und Eignung der einzelnen Kalziumsulfathorizonte

1. Werraanhydrit

Über dem Unteren Werrakarbonat befindet sich im Thüringer Becken größtenteils der 0—150 m mächtige Untere Werraanhydrit (Abb. 2). Im NE-Teil der Thüringischen Senke besitzt der Untere Werraanhydrit weniger als 50 m Mächtigkeit. Dieses Gebiet wird von einem mächtigeren Anhydritwall umgeben. So treten am Osthang der Eichsfeldschwelle zwischen Ellrich und Fahner Höhe sowie am Westhang der Ostthüringischen Schwelle zwischen Weimar und Naumburg mehr als 100 m Unterer Werraanhydrit auf.

Auf dem Top der Eichsfeldschwelle (Gebiet zwischen Ohmgebirge und Mihla) nehmen die Anhydritmächtigkeiten auf weniger als 20 m ab. Nach den Aufschlüssen am Harzrand (A. HERRMANN 1956) tritt im Nordteil der Eichsfeldschwelle kein Werraanhydrit auf.

In Ostthüringen nehmen die Mächtigkeiten südöstlich des Weimar—Merseburger Anhydritwalles (s. a. H. GAERTNER 1958) ab und erreichen längs der Linie Kamsdorf—Gera-Süd den Wert Null.

Am NE-Rand des Thüringer Waldes zeigt der Untere Werraanhydrit eine Abnahme seiner Mächtigkeit.

Der Untere Werraanhydrit zeigt im Thüringer Becken mehrere Faziestypen (Abb. 2). So kommen nördlich der Linie Nordhausen—Straußfurt—Bad Bibra feinschichtige und flasrige Texturen im Anhydrit zu gleichen Teilen vor. Diese von W. JUNG (1958) eingehend beschriebene Fazies nimmt den NE-Teil der Thüringischen Senke ein und zeigt eine herzynisch gerichtete Ausbuchtung (Steigerthaler Bucht, E. v. HOYNINGEN-HUENE 1957, H. GAERTNER 1958) zwischen Kyffhäuser und Nordhausen. Südlich davon schließt sich ein 8—20 km breiter Faziesgürtel mit vorwiegend flasriger und untergeordnet feinschichtiger Textur an. Im Bereich der Eichsfeldschwelle sowie der Ostthüringischen Schwelle und nördlich des Thüringer Waldes kommen nur flasrige Anhydrite vor. Lediglich bei Eisenach treten

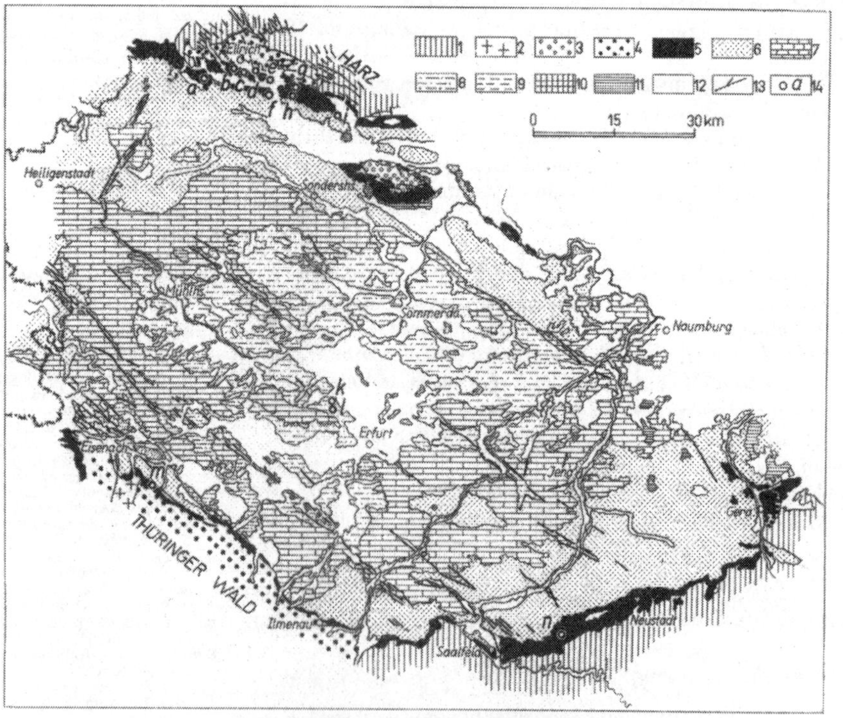

Abb. 1. Geologische Übersichtskarte des Thüringer Beckens (nach F. DEUBEL u. H. J. MARTINI 1942)
1 — gefaltetes Paläozoikum und Algonkium, 2 — Granit, Kristallin; 3 — Oberkarbon, 4 — Rotliegendes, 5 — Zechstein, 6 — Buntsandstein, 7 — Muschelkalk, 8 — Keuper, 9 — Jura, 10 — Kreide, 11 — Tertiär, 12 — Quartär, 13 — Störungen, 14 — Sulfatbrüche

[1]) Eingang des Manuskripts in der Redaktion: 13. 2. 1964.

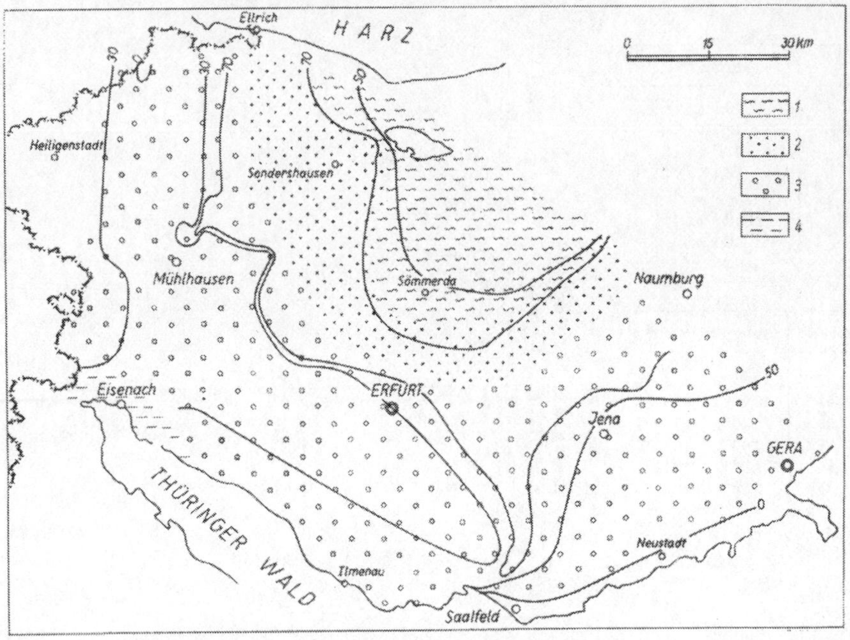

Abb. 2. Fazies- und Mächtigkeitskarte des Unteren Werraanhydrits vom Thüringer Becken
1 – feinschichtig und flasrig, 2 – vorwiegend flasrig, untergeordnet feinschichtig; 3 – flasrig, 4 – Anhydritknotenschieferfazies vom Typ des Werrabeckens

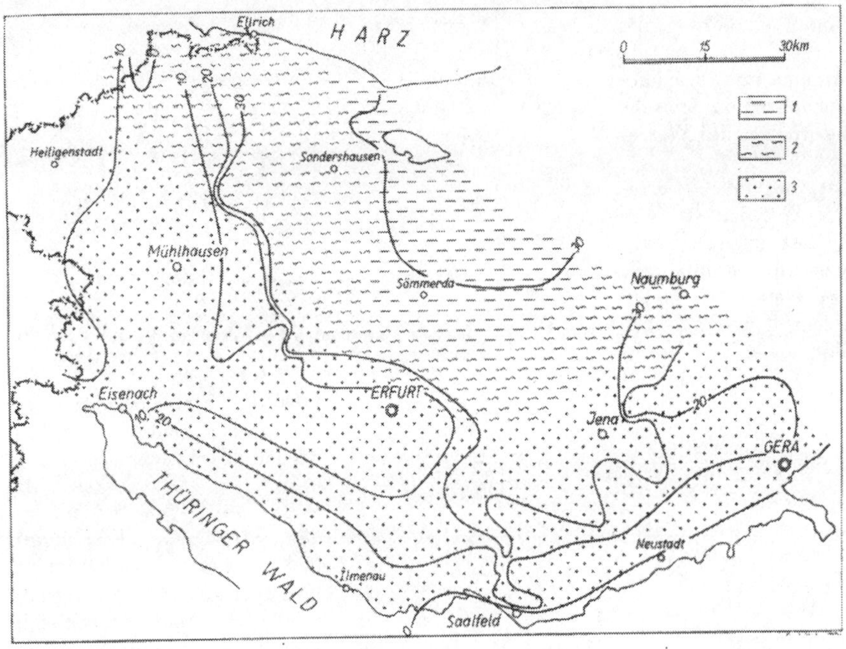

Abb. 3. Fazies- und Mächtigkeitskarte des Oberen Werraanhydrits vom Thüringer Becken
1 – vorwiegend feinschichtig, 2 – flasrig, 3 – flasrig mit Oberem Werraton

als Vorboten des Werrabeckens wieder feinschichtige Texturen auf.

Der vollständig ausgebildete Untere Werraanhydrit besteht in der Regel im Thüringer Becken aus vier Kleinzyklen (Abb. 4). In diesen Zyklen läßt sich sehr deutlich die Abnahme der Karbonatverunreinigungen vom Liegenden zum Hangenden erkennen. In den randlichen Profilen fallen zum Teil die unteren Zyklen aus.

Im Beckeninnern (Nebenbecken) wird zum Teil der vierte Zyklus vom Werrasteinsalz vertreten.

Über dem Werrasteinsalz liegt der 0—150 m mächtige Obere Werraanhydrit (Abb. 3). Er besitzt im Gebiet Kyffhäuser—Sömmerda—Bad Bibra eine Mächtigkeit von weniger als 30 m. Diesem Gebiet mit geringen Mächtigkeiten im NE-Teil der Thüringischen Senke schließt sich im Westen, Süden und Osten halbkreisförmig ein Anhydritwall mit mehr als 30 m und max. 150 m Mächtigkeit an. Dieser Mächtigkeitswall liegt am E-Hang der Eichsfeldschwelle, an der sich nach SW heraushebenden Thüringischen Senke und am W-Hang der Ostthüringischen Schwelle. Im Bereich der Eichsfeldschwelle sinken die Mächtigkeiten auf weniger als 10 m und im NE-Teil auf 0 m ab.

Am Thüringer Wald nehmen die Mächtigkeiten des Oberen Werraanhydrits auf etwa 20 m und am NE-Rand des Thüringer Beckens auf den Wert Null ab.

Der Obere Werranhydrit zeigt eine ähnliche Faziesdifferenzierung wie der Untere Werraanhydrit. Im NE-Teil der Thüringischen Senke kommt eine vorwiegend feinschichtige Fazies vor. Dieser Ausbildung schließt sich ein 10 bis 40 km breiter Streifen mit flasriger Fazies an. Südlich der Linie Eisenberg—Bad Berka—Erfurt—Worbis tritt ein max. 10 m mächtiger grauer Tonstein

Tabelle 1. Gipsbruch Ellrich—Cleysingen

SO_3	53,56%
H_2O	5,23%
CaO	38,72%
MgO	0,51%
CO_2	1,45%
SiO_2 + Unl.	0,22%
R_2O_3	0,12%

Tabelle 2. Gipsbruch Ellrich (VEB)

	Probe 1	Probe 2	Probe 3
SO_3	45,12%	45,02%	44,96%
H_2O	18,49%	18,38%	18,42%
CaO	34,46%	32,58%	32,44%
MgO	0,94%	1,01%	1,09%
CO_2	2,09%	1,98%	2,20%
SiO_2 + Unl.	0,26%	0,44%	0,44%
R_2O_3	0,54%	0,54%	0,62%

Tabelle 3. Gipsbruch Krimderode

	Probe 1	Probe 2
SO_3	56,7%	46,1%
H_2O	0,6%	19,7%
CaO	40,5%	32,5%
MgO	0,1%	0,1%
CO_2	0,9%	1,0%
SiO_2 + Unl.	0,9%	0,1%
R_2O_3	0,2%	0,1%

Tabelle 4. Gipsbruch Krölpa

	Probe 1	Probe 2	Probe 3	Probe 4a	Probe 4b	Probe 5
H_2O	19,62%	19,64%	19,80%	17,85%	20,04%	19,54%
SO_3	46,26%	45,39%	46,11%	42,51%	45,97%	45,12%
CaO	33,59%	32,37%	33,07%	32,63%	33,36%	33,11%
R_2O_3	0,33%	0,01%	0,46%	0,31%	0,09%	0,22%
MgO	0,13%	0,23%	0,13%	2,55%	0,07%	0,30%
Unl.	0,51%	0,01%	0,65%	0,65%	0,26%	0,56%

Probe 1 Friedensbruch
„ 2 Bremsbergbruch
„ 3 A-Bruch
„ 4a E-Bruch, 1. Analyse
„ 4b „ 2. „
„ 5 Öpitzer Bruch

mit Anhydriteinlagerungen als unterste Bildung des Oberen Werraanhydrits auf.

Den Oberen Werraanhydrit kann man in zwei Kleinzyklen gliedern. In den Tab. 1—4 sollen einige chemische Analysen von verschiedenen Sulfatbrüchen des Werraanhydrits angegeben werden.

Wie aus Abb. 5 zu ersehen ist, liegt der Werraanhydrit teils als Gips und teils als Anhydrit vor. Die Verunreinigungen im Sulfat (als Rest in Abb. 5 angegeben) betragen 0—15%, liegen aber größtenteils unter 10%. Der MgO-Gehalt zeigt Werte zwischen 0 und 4%, größtenteils jedoch zwischen 0 und 3%. Die obenbeschriebenen Kleinzyklen sind auch im Chemismus des Werraanhydrits der Bohrung Schneidtal 2 (s. Abb. 4) wieder zu erkennen.

In den Gipswerken, die Werraanhydrit verwenden, werden Stuckgips, Estrichgips, Marmorgips, Baubetongips, Baugips (Schnell- und Langsambinder), Hartputzgips (Schnell- und Langsambinder), Alabastermodellgips, Hartformgips, Isolatorenkittpulver, Isoliergips, Mineralweiß und Aniline hergestellt. Diese vielseitigen Verwendungsmöglichkeiten des Werrasulfats sind durch seine verhältnismäßig geringen Verunreinigungen sowie sein Vorkommen als Anhydrit und Gips bedingt. Wegen der vielseitigen Verwendungsmöglichkeit und seiner großen Mächtigkeit wird das Werrasulfat in 9 von 14 Werken der DDR als Rohstoffgrundlage verwendet. Größere Vorkommen des Werrasul-

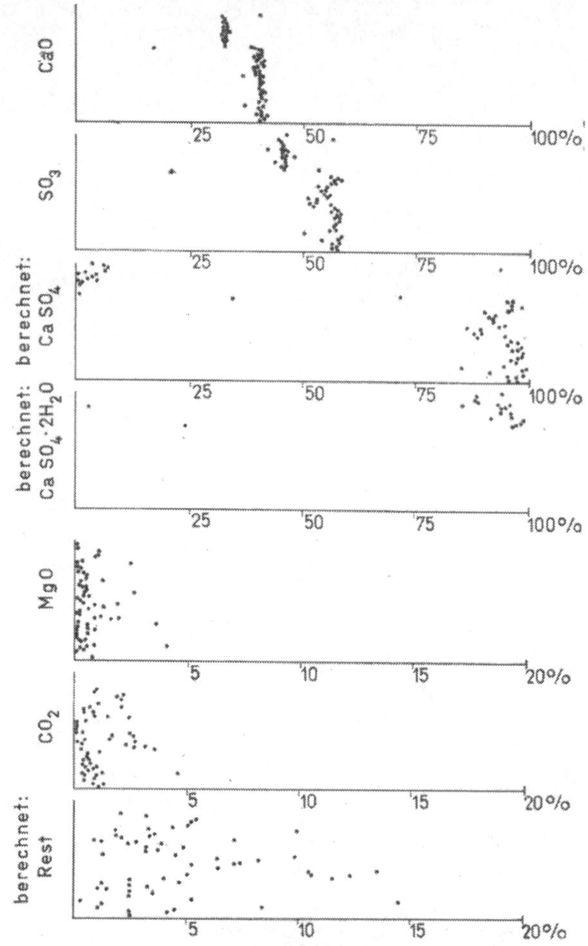

Abb. 5. Chemismus des Werraanhydrits

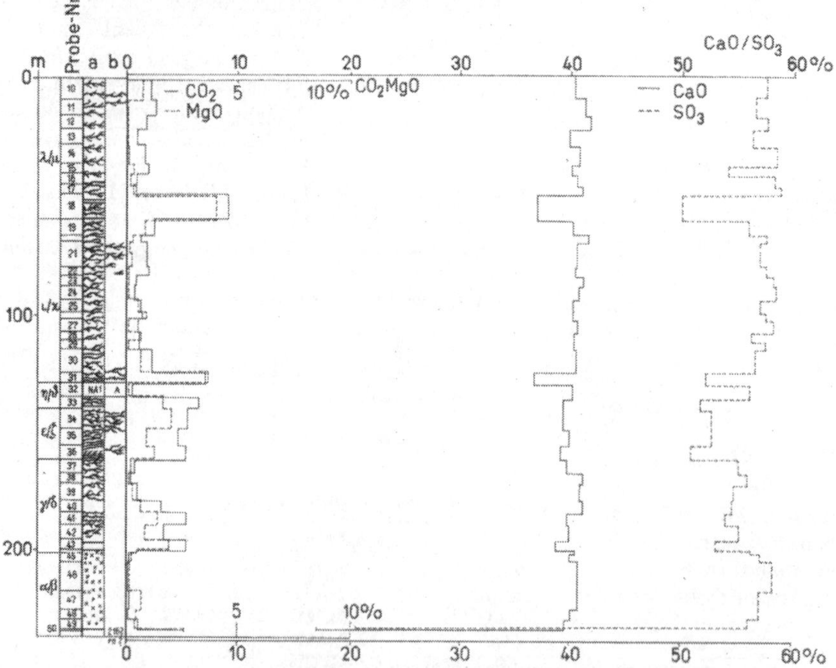

Abb. 4. Geochemisches Profil des Werraanhydrits der Bohrung Schneidtal 2
(Legende z. geol. Profil s. SEIDEL 1961)

fats kommen nur am Südharzrand und Kyffhäuser vor. Die kleineren Vorkommen im übrigen Thüringen bieten zwar noch genügend Rohmaterial für die bestehenden Werke, erlauben jedoch nicht, diese wesentlich zu erweitern oder neue Werke anzulegen.

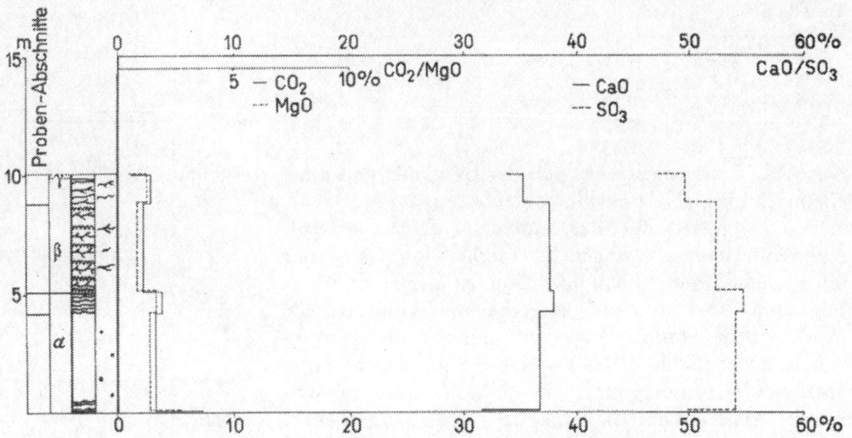

Abb. 7. Geochemisches Profil des Basalanhydrits der Bohrung Schneidtal 2

2. Basalanhydrit

Der 0—30 m mächtige Basalanhydrit besteht aus einem hellgrauen, tonig und karbonatisch gestreiften, gebänderten sowie gemaserten, dichten bis grobkristallinen Anhydrit. Im Innern der Thüringischen Senke besitzt der Basalanhydrit eine Mächtigkeit von weniger als 10 m (s. Abb. 6). Die 10-m-Linie verläuft von Heringen südlich an Straußfurt vorbei, über Weimar bis nach Bad Bibra. Westlich, südlich und östlich schließt sich ein Anhydritwall mit Mächtigkeiten von 10—30 m an. Am Osthang der Eichsfeldschwelle erreicht der Sulfatwall im Gebiet von Nordhausen–Ebeleben–Bad Tennstedt Mächtigkeiten von über 20 m (s. Abb. 6). Dieser Mächtigkeitswall setzt sich am SW- und SE-Hang der Thüringischen Senke über Erfurt, Bad Berka bis nach Bad Sulza fort.

Im Gebiet der Eichsfeldschwelle weist der Basalanhydrit nur noch weniger als 10 m Mächtigkeit auf. Von dem obenbeschriebenen Anhydritwall nimmt die Mächtigkeit auch nach SW und SE zu ab. Die Verbreitungsgrenze verläuft von Creuzburg über Plaue, Saalfeld, Bürgel bis östlich von Naumburg.

Im Basalanhydrit können folgende drei Faziesbereiche unterschieden werden:

a) die Unstrutfazies mit feinschichtigem und flasrigem Basalanhydrit,

b) die Südharzfazies mit vorwiegend flasrigem Basalanhydrit,

c) die Randfazies mit flasrigem Basalanhydrit, der klastische Toneinschaltungen enthält.

Die von W. JUNG (1960) beschriebene Ausbildung im südöstlichen Harzvorland (= Unstrutfazies) reicht von Heringen über Straußfurt, Buttstädt und Bad Bibra bis in das Thüringer Becken hinein. Das Gebiet mit Südharzfazies des Basalanhydrits erstreckt sich zwischen den Linien Heringen — Straußfurt — Buttstädt — Bad Bibra und Lengenfeld — Bad Bibra — Naumburg (siehe Abb. 6).

Der dritte Faziestyp des Basalanhydrits im Thüringer Becken besteht aus einem teils flasrigen, teils texturlosen Anhydrit, der mehr oder weniger stark von Tonsteinlagen durchsetzt ist. Dieser Faziestyp des Basalanhydrits kommt zwischen der Linie Lengenfeld—Bad Bibra—Naumburg und der Verbreitungsgrenze des Basalanhydrits vor (s. Abb. 6).

In der Unstrut- und Südharzfazies des Basalanhydrits ist ein Kleinzyklus zu erkennen, in dessen unterem Teil viel Karbonat und dessen oberem Teil neben weniger Karbonat auch Ausfällungston auftritt (s. a. Abb. 7).

Der Basalanhydrit wurde in der Bohrung Schneidtal 2 durch eine Kernfräse bemustert und das Probengut im chemischen Laboratorium der BA Jena des VEB Geologische Erkundung West analysiert. Es ergab sich der in Tab. 5 wiedergegebene chemische Aufbau.

Der Basalanhydrit ist im Ausgehenden meistens mehr oder weniger vergipst. Die Verunreinigungen (s. Abb. 8) im Basalanhydrit betragen in der Regel 7 bis 20%. Der Gehalt an MgO liegt zwischen 0 und 2%.

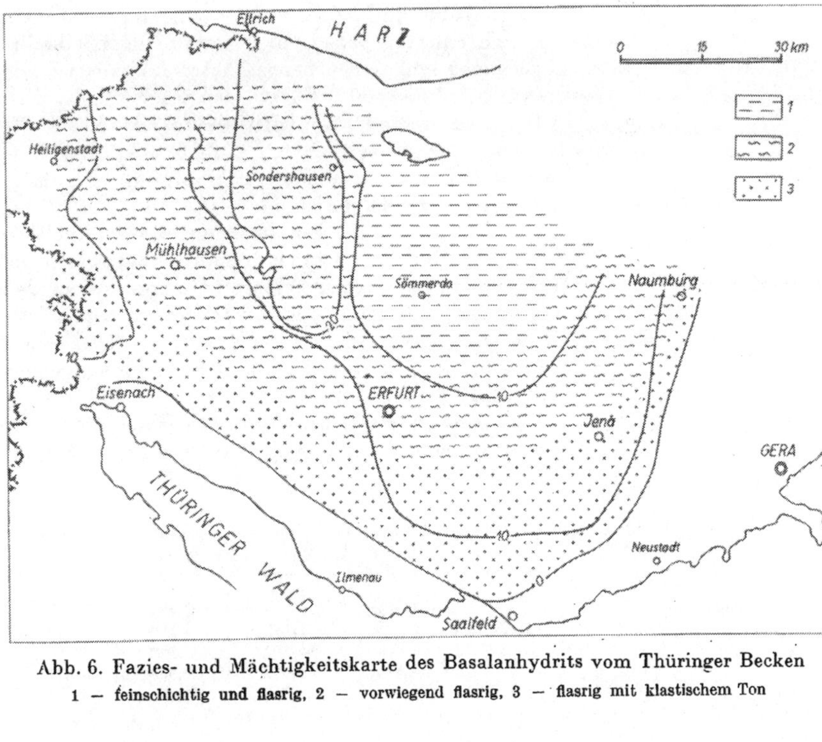

Abb. 6. Fazies- und Mächtigkeitskarte des Basalanhydrits vom Thüringer Becken
1 — feinschichtig und flasrig, 2 — vorwiegend flasrig, 3 — flasrig mit klastischem Ton

Tabelle 5

SO_3	20,4%	49,7%	52,4%	54,7%	54,2%
CaO	15,3%	35,4%	37,7%	38,0%	36,9%
MgO	0,3%	1,2%	0,9%	1,6%	1,4%
CO_2	0,5%	1,4%	1,1%	1,9%	1,7%

Aus Abb. 7 ist zu ersehen, daß der Basalanhydrit auch chemisch als ein Kleinzyklus aufzufassen ist.

Zur Zeit wird der Basalanhydrit nicht abgebaut. Auf Grund seiner geringen Mächtigkeit lohnt sich nur ein gemeinsamer Abbau mit dem zum Teil darüberliegenden sogenannten Sangerhäuser Anhydrit (s. Werk Rottleberode). Insgesamt gesehen ist die Verwendungsmöglichkeit des Basalanhydrits wegen seiner starken Verunreinigungen beschränkt. Ein gemeinsamer Abbau von Basalanhydrit und Sangerhäuser Anhydrit wirkt sich qualitätsmindernd auf den Sangerhäuser Anhydrit aus.

3. Sangerhäuser Anhydrit

Durch Auslaugung des Steinsalzes der Anhydritregion vom Staßfurtsteinsalz entsteht der sogenannte Sangerhäuser Anhydrit (s. a. R. LANGBEIN & G. SEIDEL 1960). Er ist in der Regel stark vergipst. Je nach ehemaliger Ausbildung der Anhydritregion kann der Sangerhäuser Anhydrit im Ausgehenden eine Mächtigkeit von 0—50 m besitzen. Durch die Auslaugung des Kaliflözes Staßfurt bzw. dessen Äquivalent weist der Sangerhäuser Anhydrit in den obersten Metern eine starke Verunreinigung durch Ton und Hämatit auf. Der Sangerhäuser Anhydrit ist an die Verbreitung der Anhydritregion gebunden und kommt nur am Nordrand des Thüringer Beckens vor.

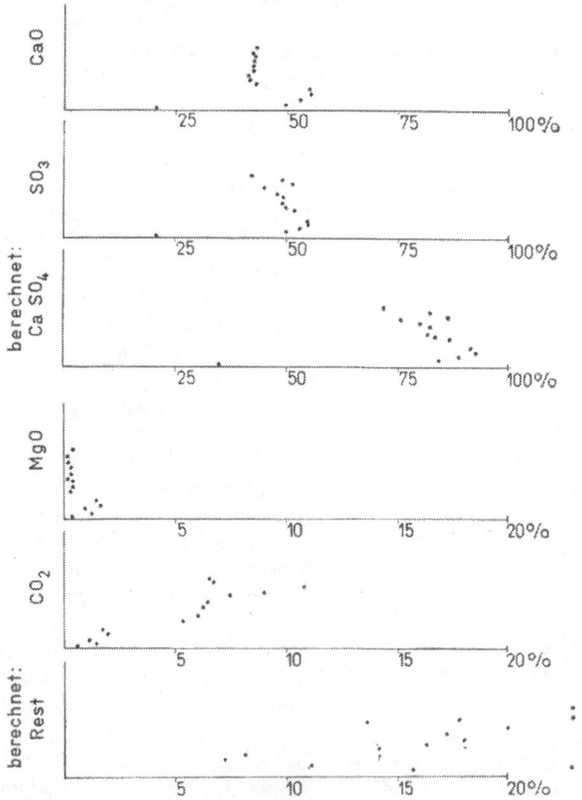

Abb. 8. Chemismus des Basalanhydrits

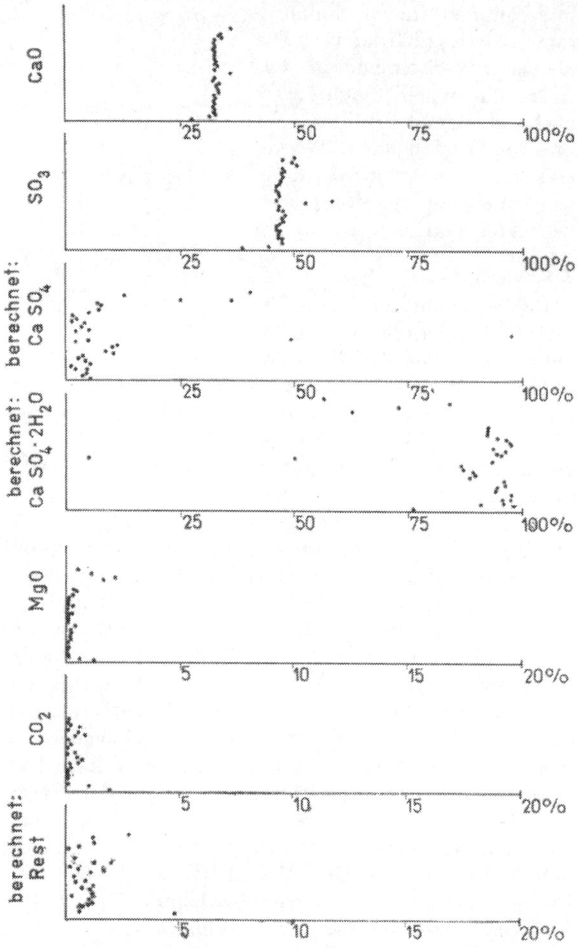

Abb. 9. Chemismus des Sangerhäuser Anhydrits

Da der Sangerhäuser Anhydrit dem Basalanhydrit aufliegt, kann man beide Sulfate gemeinsam abbauen. Dadurch entsteht jedoch eine Verunreinigung des im allgemeinen sehr reinen Sangerhäuser Anhydrits durch die tonig-karbonatischen Substanzen des Basalanhydrits.

Der Sangerhäuser Anhydrit besitzt im Profil der Bohrung Bendeleben die in Tab. 6 wiedergegebene chemische Zusammensetzung (Laboratorium des ehem. Geologischen Dienstes Jena).

Der Glühverlust in den obenangeführten Analysen ist fast ausschließlich dem Hydratwasser zuzuschreiben. Aus dem hohen Hydratwassergehalt ergibt sich, daß das Sulfat vorwiegend als Gips vorliegt. Der MgO-Gehalt schwankt zwischen 0,52 und 2,13%. Die aus den Analysen errechneten gesamten Verunreinigungen (Karbonat, Fe_2O_3, Ton) sind gering (s. Abb. 9).

Das Gipswerk Rottleberode (Bezirk Halle) produziert aus dem Sangerhäuser Anhydrit Stuckgips, Modell-

Tabelle 6

	Probe 1	Probe 2	Probe 3	Probe 4
CaO	33,70%	33,32%	33,62%	36,01%
MgO	1,61%	2,13%	1,11%	0,52%
SO_3	50,76%	49,17%	47,48%	50,33%
LR	0,40%	0,44%	0,50%	0,38%
H_2O	13,17%	15,39%	17,60%	11,81%

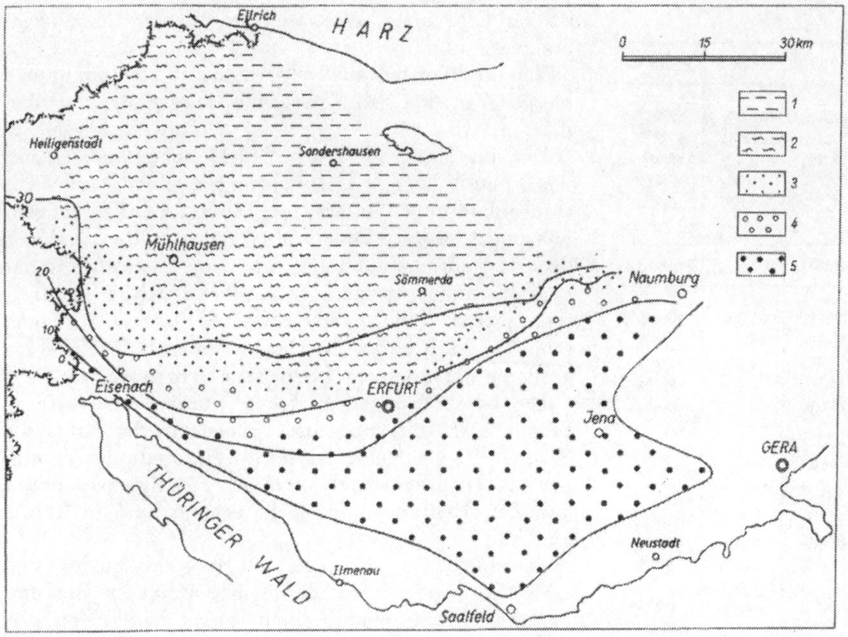

Abb. 10. Fazies- und Mächtigkeitskarte des Hauptanhydrits (A 3) vom Thüringer Becken

1 – mit unterer tonig-karbonatischer Folge, 2 – ohne obige Folge, 3 – erster Zyklus z. T. in Plattendolomitfazies; 4 – zweiter Zyklus z. T. in Plattendolomitfazies; 5 – dritter Zyklus z. T. in Plattendolomitfazies

gips, Hartformgips, Dentalgips, Betongips, Putzgips und Marmorgips. Die Produktion dieser zum Teil hochwertigen Gipse setzt die obenbeschriebene Reinheit des Sulfats voraus. Auf Grund seiner Reinheit kann man aus dem Sangerhäuser Anhydrit sämtliche Gipsprodukte herstellen. Durch seinen stets hohen Kristallwassergehalt ist er jedoch nicht für Anhydritbaustoffe sowie für die chemische Industrie verwertbar. Vorkommen von Sangerhäuser Anhydrit befinden sich in Thüringen nur am S-Rand des Harzes sowie am Kyffhäuser.

4. Hauptanhydrit

Man kann im Hauptanhydrit drei Kleinzyklen unterscheiden (s. Abb. 10). Vom Liegenden zum Hangenden nehmen in den Kleinzyklen die Anzahl der Glieder und die Salinität der höchstsalinaren Folgen der einzelnen Zyklen zu. Der oberste Zyklus setzt sich noch in das Leinesteinsalz fort. Die einzelnen Kleinzyklen sind nicht jeweils genau dieselben Wiederholungen. Aus der abnehmenden Mächtigkeit der Karbonatfolgen vom Liegenden zum Hangenden ist zu ersehen, daß der folgende Zyklus jeweils auf einer etwas höher salinaren Stufe als der vorhergehende beginnt.

Die obenbeschriebenen Kleinzyklen sind auch geochemisch wieder zu erkennen (s. Abb. 11).

Der Hauptanhydrit erreicht nur am N-Rand des Thüringer Beckens bauwürdige Mächtigkeiten (s. Abb. 10).

Vom Beckeninnern (Gebiet Sondershausen) tritt im Hauptanhydrit in Richtung zum Beckenrand eine immer stärker werdende Karbonatisierung ein. Auf Grund der Stufe der Karbonatisierung lassen sich mehrere Fazieszonen (s. Abb. 10) ausscheiden.

Vom Hauptanhydrit liegen Analysenergebnisse der Bohrungen Hachelbich 1, Rottleberode und Kinderode vor. Die Analysenergebnisse wurden in den Abb. 11 und 12 dargestellt. Weiterhin sollen in Tab. 7 die Analysenergebnisse der Bohrung Kinderode wiedergegeben werden.

Wie aus Abb. 12 zu ersehen ist, besteht der Hauptanhydrithorizont zum Teil aus Anhydrit und zum Teil aus Gips. Die Verunreinigungen betragen 0 bis 20%. Der MgO-Gehalt liegt in der Regel nicht höher als 10%.

Der Hauptanhydrithorizont wird zur Zeit von der Fa. Vogel, Rüdigsdorf, als medizinischer Gips verwertet. Wegen seiner starken Verunreinigungen ist er nur begrenzt verwendungsfähig. Auf Grund seiner mittleren Mächtigkeit und häufigen Dolinen, die mit Rotem Salzton, Obersten Zechsteinletten und Buntsandstein erfüllt sind, ist die Neuanlage von Werken

Abb. 11. Geochemisches Diagramm des Hauptanhydrits der Bohrung Kinderode (Nohra 3)

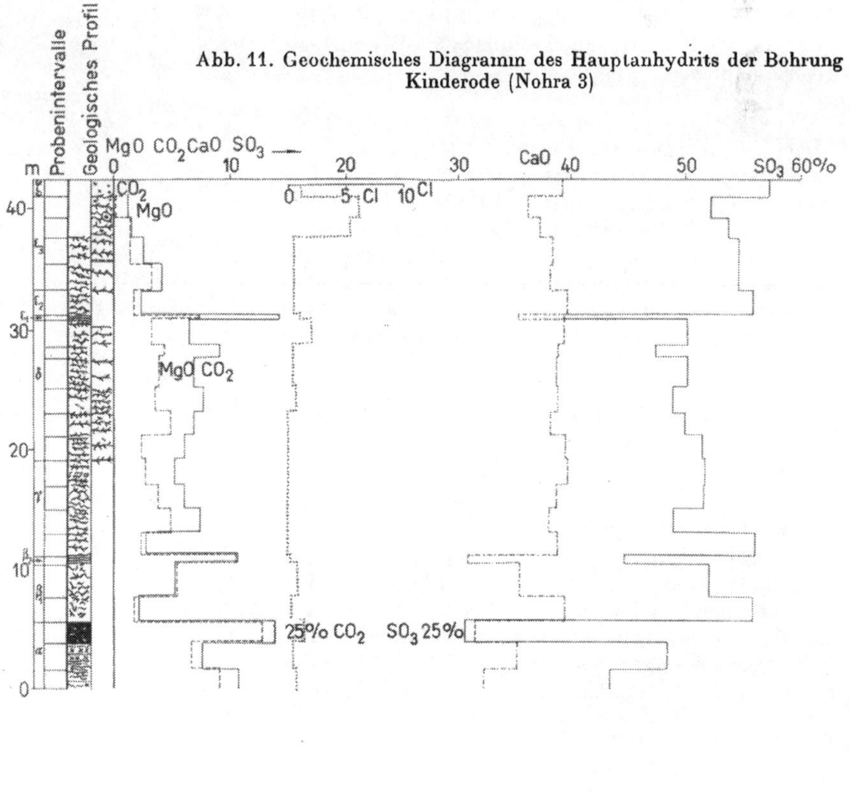

Tabelle 7

	Probe 1	Probe 2	Probe 3	Probe 4	Probe 5	Probe 6
SO_3	57,9%	56,5%	37,8%	57,4%	51,1%	52,2%
CaO	36,5%	38,8%	25,1%	39,3%	36,4%	37,7%
MgO	3,9%	2,2%	17,0%	1,3%	0,5%	0,8%
CO_2	1,2%	2,4%	17,7%	0,7%	0,2%	1,4%
Cl_2	0,3%	0,3%	1,1%	1,3%	6,2%	5,3%

	Probe 7	Probe 8	Probe 9	Probe 10	Probe 11	Probe 12
SO_3	54,7%	54,7%	56,0%	39,4%	50,3%	47,4%
CaO	39,3%	39,1%	39,7%	35,3%	39,4%	38,9%
MgO	1,5%	2,1%	1,7%	7,6%	3,2%	4,2%
CO_2	2,6%	3,3%	2,3%	14,1%	6,4%	9,2%
Cl_2	0,5%	0,5%	0,5%	1,0%	2,1%	0,4%

	Probe 13	Probe 14	Probe 15	Probe 16	Probe 17	Probe 18
SO_3	50,3%	49,0%	50,1%	51,7%	51,8%	51,7%
CaO	38,7%	38,9%	38,3%	39,8%	39,9%	38,8%
MgO	4,0%	3,5%	4,9%	2,4%	2,7%	3,8%
CO_2	6,9%	7,8%	6,8%	6,2%	5,2%	6,0%
Cl_2	0,5%	0,8%	0,1%	0,1%	0,1%	0,1%

	Probe 19	Probe 20	Probe 21	Probe 22	Probe 23	Probe 24
SO_3	49,1%	56,3%	44,8%	52,3%	56,1%	23,1%
CaO	38,1%	38,9%	30,9%	35,5%	39,6%	31,5%
MgO	5,0%	2,3%	10,5%	5,4%	1,7%	12,9%
CO_2	7,5%	2,7%	11,0%	5,2%	2,2%	24,5%
Cl_2	0,1%	0,1%	0,2%	0,6%	0,4%	1,3%

	Probe 25	Probe 26	Probe 27
SO_3	48,8%	43,4%	4,7%
CaO	35,1%	32,3%	5,5%
MgO	6,7%	9,2%	0,4%
CO_2	7,6%	10,9%	0,2%
Cl_2	0,6%	0,7%	58,3%

nicht zu empfehlen. Der Hauptanhydrithorizont sollte höchstens zur Erweiterung der Rohstoffbasis bestehender Werke dienen.

5. Heldburggips

Der Heldburggips ist der mächtigste Gipshorizont des Mittleren Keupers. Seine größte Mächtigkeit von 18 m erreicht er in Thüringen bei Elxleben in der Erfurter Mulde. Selbst hier ist er nur auf Grund seiner günstigen morphologischen Lage abbauwürdig. Die anderen Vorkommen des Heldburggipses kann man auf Grund ihrer geringen Mächtigkeiten, des zu hohen Abraumes und der starken Verunreinigungen nicht wirtschaftlich rentabel nutzen.

In den vom Verfasser bearbeiteten Gipsbohrungen Elxleben wurden im Liegenden des Heldburggipses stets die grauen Mergel des oberen Teiles vom Horizont der Bunten Mergel (km_4) angetroffen. Der darüber folgende Gips erreichte in der Bohrung 14 die größte Mächtigkeit von 17,7 m.

Der Heldburggips ist als weißer bis grauer, teils fein-, teils grobkristalliner Gips mit dolomitischer Flaserung ausgebildet. Er wird mehr oder weniger stark von Mergellagen und unregelmäßigen bis faustgroßen Einlagerungen von Mergeln durchsetzt. Je nach der geringen oder starken Durchsetzung mit Mergeln ist der Gips mehr oder weniger gut als Rohmaterial geeignet.

Vereinzelt treten auch innerhalb des Heldburggipses Mergellagen auf, die natürlich ausgehalten werden müssen.

Der im Hangenden des Gipses auftretende Lehm wurde außer durch Kernbohrungen auch durch Peilstangenbohrungen untersucht. Die mit den Peilstangenbohrungen angetroffenen Mächtigkeiten des Lehmes liegen im allgemeinen unter 1 m. Nur eine Bohrung hat verhältnismäßig größere Lehmmächtigkeiten angetroffen, die zum Teil 2 m überschreiten. Daraus darf man schließen, daß außer im Gebiet dieser Bohrung keine größeren unliebsamen Karsttaschen auftreten.

Die Gipsbohrungen Elxleben wurden durch Hackproben bemustert und diese Proben in der Prüfstelle Weimar des Deutschen Amtes für Material- und Warenprüfung chemisch analysiert. Die Analysenergebnisse von den Bohrungen im Heldburggips sind in Tab. 8 angeführt.

Wie aus den Analysen in Tab. 8 zu ersehen ist (s. a. Abb. 13), wurde fast das gesamte Sulfat in Gips umgewandelt. Es treten nur noch weniger als 3% Anhydrit auf. Die Verunreinigungen im Gips betragen 3—11%. MgO, CO_2, Fe_2O_3, SiO_2, Al_2O_3 liegen in Form von Kar-

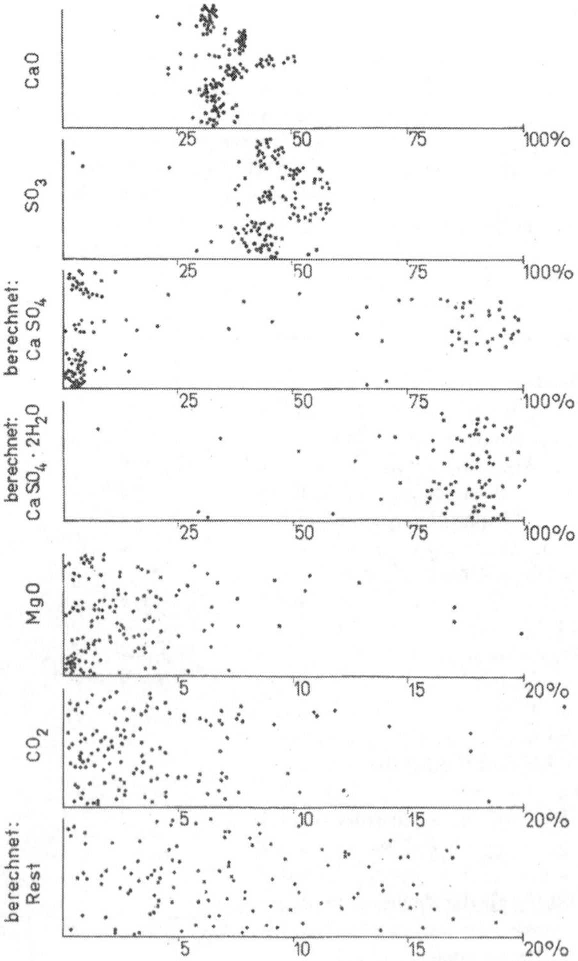

Abb. 12. Chemismus des Hauptanhydrits

Tabelle 8

	Probe 1	Probe 2	Probe 3	Probe 4	Probe 5
SO_3	42,8%	43,8%	43,6%	44,0%	42,1%
CaO	31,8%	32,2%	32,0%	31,9%	30,7%
MgO	0,8%	0,6%	0,8%	0,7%	1,0%
CO_2	1,2%	1,0%	1,1%	1,0%	2,1%
Hydratwasser	18,5%	19,7%	19,3%	19,7%	18,4%
SiO_2	2,9%	1,5%	1,5%	1,4%	3,0%
R_2O_3	1,9%	1,0%	1,2%	1,2%	1,6%

	Probe 6	Probe 7	Probe 8	Probe 9
SO_3	44,9%	42,0%	42,8%	42,8%
CaO	32,4%	30,9%	31,3%	30,7%
MgO	0,5%	1,4%	1,0%	1,3%
CO_2	0,9%	2,3%	1,8%	1,0%
Hydratwasser	20,1%	18,9%	19,2%	19,1%
SiO_2	0,3%	2,9%	2,2%	2,9%
R_2O_3	0,3%	1,3%	1,3%	1,9%

bonat, Eisenoxyd und Ton vor. Der MgO-Gehalt beträgt zum Teil mehr als 1%.

In den beiden Gipswerken in Elxleben wird der Heldburggips als Putzgips und bei Aushaltung von reineren Partien als Stuckgips verarbeitet. Da bereits beim Abbau 10—20% Verunreinigungen (zum Teil auch Lehm in Karsttaschen) ausgehalten werden müssen, empfiehlt es sich, den Heldburggips künftig nur noch als Putzgips zu verwenden. Die Verunreinigungen lassen eine andere Verwendung nicht zu. Das Heldburggipsvorkommen bei Elxleben bietet zwar noch genügend Rohmaterial für die bestehenden Werke, erlaubt jedoch nicht, diese wesentlich zu erweitern oder neue Werke anzulegen.

Beziehungen zwischen der Genese und Verwertbarkeit der Kalziumsulfate

Wichtig für die Verwertbarkeit der Kalziumsulfate ist ihre Ausbildung (Verunreinigung, Mächtigkeit) und Hydratisierung. Die Ausbildung ist von der Paläogeographie und die Hydratisierung von der Auslaugung abhängig.

Die hier untersuchten Sulfate besitzen, wie in Tab. 9 von oben nach unten aufgeführt, eine zunehmende Verunreinigung.

Tabelle 9

Sangerhäuser Anhydrit
Werraanhydrit
Hauptanhydrit
Heldburggips
Basalanhydrit

Die Verunreinigungen liegen fast ausschließlich als Karbonate (vorwiegend Dolomit, untergeordnet Kalzit und Magnesit) und klastischer Ton vor. Wie aus den Abb. 4, 7 und 11 zu ersehen ist, nimmt mit steigender Salinität die Menge der Verunreinigungen ab und die Menge des Sulfates zu. Die normale zyklische Abfolge verläuft in den Salinarzyklen wie folgt: Ton, Karbonat, Sulfat, Halit, Sulfat, Karbonat, Ton. Will man also ein reines Kalziumsulfat finden, so muß man im Großzyklus weit vom Ton oder Karbonat weggehen und bzw. oder so nahe wie möglich an den Halit herangehen. In der Abfolge der abnehmenden Verunreinigungen vom Basalanhydrit über den Heldburggips und Hauptanhydrit zum Werraanhydrit zeigt sich gleichzeitig eine Mächtigkeitszunahme. Mit zunehmender Mächtigkeit wird insgesamt gesehen die Entfernung zum Ton bzw. Karbonat größer und das Kalziumsulfat reiner. Die große Mächtigkeit bietet gleichzeitig Vorteile für den modernen Abbau.

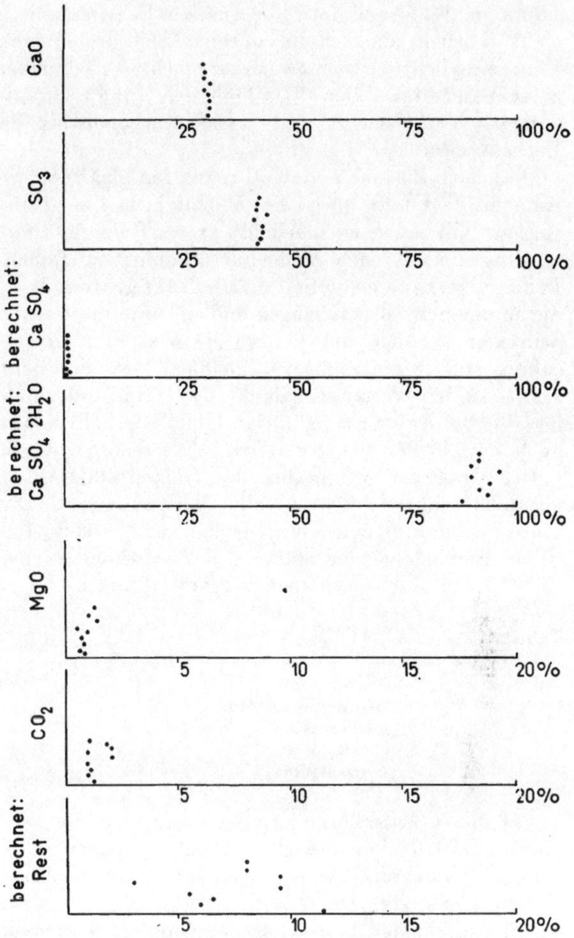

Abb. 13. Chemismus des Heldburggipses

Nach R. LANGBEIN & G. SEIDEL (1960) ist der sogenannte Sangerhäuser Anhydrit vorwiegend das Auslaugungsprodukt der mit Anhydriteinlagerungen durchsetzten Anhydritregion des Staßfurtsteinsalzes. Dieses Kalziumsulfat wurde in der unmittelbaren Nachbarschaft des Halits abgeschieden und besitzt deshalb die größte Reinheit. Da die Anhydritregion nur im Beckeninnern auftritt, besitzt dieses Kalziumsulfat nur ca. 40 m Mächtigkeit und ist für einen Großabbau weniger geeignet.

Nach den grundsätzlichen Untersuchungen von G. RICHTER-BERNBURG (1955a) kann man den vertikalen Aufbau der Salinarzyklen in der Regel auch in der Horizontalen verfolgen. Vom Beckenrand zum Beckeninnern nimmt generell gesehen die Reinheit der einzelnen Anhydrithorizonte zu. So können z. B. am Harz und am Kyffhäuser der Untere und Obere Werraanhydrit gemeinsam abgebaut werden. Das ist am

Thüringer Wald und am Thüringischen Schiefergebirge nicht möglich, da sich im unteren Teil des Oberen Werraanhydrits ein mehrere Meter mächtiges Tonpaket zwischenschaltet. Der Basalanhydrit und Hauptanhydrit enthalten randlich mehr Karbonat als im Beckeninnern.

Da jedoch für eine rentable Produktion nicht nur die Reinheit, sondern auch die Mächtigkeit eine Rolle spielen, gilt es, eine möglichst große Kalziumsulfatmächtigkeit mit noch genügender Reinheit zu finden. In der Regel besitzen die Sulfatwälle des Werraanhydrits, die an den Schwellenabhängen und auf untermeerischen Schwellen gebildet wurden, für die meisten Kalziumsulfatprodukte die genügende Reinheit. Daraus ergibt sich, daß der Werraanhydrit die beste Rohstoffgrundlage für die Anhydritproduktion bildet. Deshalb bauen auch von 14 Werken der DDR 9 Werraanhydrit ab.

Der Grad der Vergipsung des Kalziumsulfates ist ebenfalls sehr wichtig für seine Verwertbarkeit. Die Kalziumsulfathorizonte weisen im Ausgehenden folgende Reihenfolge der Stärke der Vergipsung (in der Tab. 10 von unten nach oben zunehmend) auf:

Tabelle 10

Heldburggips
Sangerhäuser Anhydrit
Basalanhydrit
Hauptanhydrit
Werraanhydrit

Aus dieser Aufstellung ist zu ersehen, daß die Vergipsung mit zunehmender Mächtigkeit abnimmt. Völlig vergipst liegt der verhältnismäßig geringmächtige Heldburggips vor. Diese starke Vergipsung ist noch durch die fehlende Bedeckung der Gipsvorkommen in der Erfurter Mulde bedingt.

Weiterhin zeigt auch der Sangerhäuser Anhydrit eine starke Vergipsung. Der Basalanhydrit und der Hauptanhydrit weisen eine unterschiedliche Vergipsung auf. Am geringsten ist der Werraanhydrit der mächtigen Sulfatwälle vergipst. Während also der Heldburggips den besten Gipsrohstoff darstellt, besitzt der Werraanhydrit die besten Eigenschaften als Anhydritrohstoff.

Im einzelnen hängt die Stärke der Vergipsung auch von der tektonischen Zerrüttung, den umgebenden Schichten (ob Ton oder Karbonat) und der hydrologischen Situation ab. Die Vergipsung erfolgt vorwiegend vom Hangenden zum Liegenden, untergeordnet aber auch vom Liegenden zum Hangenden. So tritt bei unterlagerndem Riff auch eine stärkere Vergipsung vom Liegenden auf.

Primär wurde das Kalziumsulfat teils als Gips und teils als Anhydrit ausgeschieden (R. LANGBEIN 1963). Die Umwandlung des Gipses in Anhydrit erfolgte wahrscheinlich vorwiegend frühdiagenetisch. Eine Vergipsung ereignete sich im Gefolge der saxonischen Tektonik. Der Hauptteil der Vergipsung dürfte im Tertiär erfolgt sein. Die Vergipsung der Anhydrite geht heute in beschränktem Umfang weiter.

Zusammenfassung

In der Arbeit werden der geologische Aufbau, die chemische Zusammensetzung und die Eignung der nutzbaren Kalziumsulfathorizonte von Thüringen beschrieben. Den reinsten Kalziumsulfatrohstoff stellt der Sangerhäuser Anhydrit dar. Während der Heldburggips der beste Gipsrohstoff ist, besitzt der Werraanhydrit die besten Eigenschaften als Anhydritrohstoff. Insgesamt gesehen stellt der Werraanhydrit der mächtigen Sulfatwälle den besten Kalziumsulfatrohstoff für einen Großbau dar. Es konnten Beziehungen zwischen der horizontalen und der vertikalen zyklischen Sedimentation sowie der Ablaugung und der Verwertbarkeit der Kalziumsulfathorizonte gefunden werden. So tritt im Salinarzyklus das reinste Sulfat möglichst weit entfernt vom Ton bzw. Karbonat oder möglichst nahe am Halit auf. Mit abnehmender Mächtigkeit der Kalziumsulfathorizonte ergibt sich eine zunehmende Vergipsung im Auslaugungsbereich.

Резюме

В статье описываются геологическое строение, химический состав и пригодность полезных горизонтов сульфатов кальция в Тюрингии. Самое чистое сырье сульфатов кальция представляет собой Зангерхаузенский ангидрит. Лучшим сырьем гипса является Гельдбургский гипс, а самые лучшие свойства как сырье ангидрита обнаруживает ангидрит области Верра. В целом мощные сульфатные валы ангидритов области Верра представляют собой самое лучшее сырье сульфатов кальция для крупной разработки.

Автор нашел связи между горизонтальной и вертикальной циклической седиментацией, а также выщелачиванием и пригодностью горизонтов сульфатов кальция. Так в цикле солей самый чистый сульфат проявляется наиболее отдаленно от глин или карбонатов или наиболее близко к галиту. С убывающей мощностью горизонтов сульфатов кальция намечается возрастающее огипсование в области выщелачивания.

Summary

A description is given of the geological formation, chemical composition and suitability of useful calcium sulphate horizons of Thuringia. The purest calcium sulphate raw material is presented by the anhydrite of Sangerhausen. While the gypsum of Heldburg is the best gypsum raw material, the anhydrite of the Werra offers the best properties as an anhydrite raw material. On the whole, the Werra anhydrite of the thick sulphate banks presents the best calcium sulphate raw material to be mined on a large scale. Relations could be disclosed between the horizontal and vertical cyclic sedimentation, leaching and utilization of the horizons. In the saliniferous cycle, for example, the purest sulphate occurs at a distance as far as possible from the clay and carbonate respectively, or in the nearest possible distance from the halite. From a decreasing thickness of the horizons results an increasing formation of gypsum in the leaching area.

Literatur

FISCHER, K. W.: Gips aus Anhydritrückständen der Kaliindustrie. – Silikattechnik, 13, S. 225, Berlin 1962.

GAERTNER, H. R. v.: Petrographie und paläogeographische Stellung der Gipse vom Südrand des Harzes. – Jb. preuß. geol. Landesanst. f. 1932. 53, S. 655, Berlin 1933.

GAERTNER, H.: Der untere Teil der Staßfurtserie im Gebiet des Thüringer Beckens auf Grund neuerer Bohrungen. – Diplomarbeit, Jena 1954.

– Paläogeographie und Faziesentwicklung im mittleren und höheren Teil des Zechstein 1 zwischen Harz und Thüringer Wald. – Dissertation, Jena 1958.

HEIMLICH, K.: Zum Karbonatgehalt des Hauptanhydrites (Zechstein 3) im nördlichen Harzvorland und Unstrutgebiet. – Z. angew. Geol., 5, S. 442, Berlin 1959.

HERRMANN, A.: Der Zechstein am südwestlichen Harzrand. – Geol. Jb., 72, S. 1, Hannover 1956.

HOPPE, W.: Die Kali- und Steinsalzlagerstätten des Zechsteins in der DDR, Teil 1: Das Werra-Gebiet. – Freiberger Forsch.-H., C 97/I, Berlin 1959.

HOYNINGEN-HUENE, E. v.: Die Texturen der subsalinaren Anhydrite im Harzvorland und ihre stratigraphische und fazielle Bedeutung. – Geologie, Beih. 18, Berlin 1957.

JUNG, W.: Zur Feinstratigraphie des Werraanhydrites (Zechstein 1) im Bereich der Sangerhäuser und Mansfelder Mulde. – Geologie, 7, Beih. 24, Berlin 1958.

JUNG, W., & G. KNITZSCHKE: Kombiniert feinstratigraphisch-geochemische Untersuchungen des Basalanhydrites (Z 2) und des Hauptanhydrites (Z 3) im SE-Harzvorland. – Geologie, 10, S. 248, Jena 1961.
LANGBEIN, R.: Zur Petrographie des Hauptanhydrits (Z 3) im Südharz. – Chemie der Erde, 21, S. 248, Jena 1961.
– Petrographische Strukturen von Anhydrit-Faziestypen. – Vortrag auf der Frühjahrstagung geol. Ges. DDR, Leipzig 1963.
LANGBEIN, R., & G. SEIDEL: Zur Frage des „Sangerhäuser Anhydrits". – Geologie, 9, S. 778–787, Berlin 1960.
POMPER, J.: Erkundungsmethodik des Objektes „Gips Rottleberode". – Ber. geol. Ges. DDR, 7, S. 117, Berlin 1962.
RICHTER-BERNBURG, G.: Über salinare Sedimentation. – ZDGG, 105, S. 593, Hannover 1955 [a].
– Stratigraphische Gliederung des deutschen Zechsteins. – ZDGG, 105, S. 843, Hannover 1955 [b].
SEIDEL, G.: Ergebnisbericht Gips Elxleben. – Akten des VEB Geologische Erkundung West, BA Jena 1958.
– Zur Stratigraphie des Zechsteins und Buntsandsteins im Südharzkalirevier. – Geologie, 10, S. 952, Berlin 1961.
– Zur geologischen Entwicklungsgeschichte des Thüringer Beckens. – Manuskript, VEB Geologische Erkundung West, BA Jena 1963.

Über die primären Goldlagerstätten im Chentejgebirge nordwestlich von Ulan-Bator[1]

GÜNTER DÖRNFELD & MANFRED KRAFT, Berlin

Die im vergangenen Jahr von der VVB Feste Minerale durchgeführte Expedition in das nordwestliche Chentejgebirge hatte die Aufgabe, durch systematische Auswertung des vorhandenen Materials und durch eigene ergänzende Feldarbeiten den Erkundungs- und Erforschungsgrad der primären Goldlagerstätten im Gebiet Dsuun Mod—Boroo festzustellen, ihre Perspektiven einzuschätzen und auf der Grundlage einer zu erarbeitenden lagerstättengenetischen Konzeption Richtung und Umfang weiterer geologischer Untersuchungen abzuleiten. Die Ergebnisse der Expedition wurden in einem ausführlichen Projekt (G. DÖRNFELD, M. KRAFT & U. MAHLER 1963) niedergelegt.

Der vorliegende erste Beitrag über diese Arbeiten soll zunächst vor allem über die allgemeinen geologischen und lagerstättenkundlichen Verhältnisse des Untersuchungsgebietes informieren. Die Verf. haben sich daher im wesentlichen auf eine Charakteristik der lagerstättengeologischen Verhältnisse beschränkt, ohne auf genetische Deutungen näher einzugehen. Im Rahmen der weiteren Auswertung und weiterer Bearbeitungen wird zu einem späteren Zeitpunkt auf spezifische Probleme näher eingegangen.

Allgemeines

Die beiden unmittelbar benachbarten Lagerstättengebiete Dsuun Mod und Boroo liegen im Nordteil der Mongolischen Volksrepublik in den nordwestlichen Ausläufern des Chentejgebirges (Abb. 1). Sie zählen zu den relativ gut erschlossenen und dicht besiedelten Gebieten der Mongolei. Das Gebiet wird von der Eisenbahnlinie Peking—Ulan-Bator—Ulan-Ude mit Anschluß an die Transsib durchquert. Ebenfalls verbindet es eine befestigte Straße mit Ulan-Bator (150 km).

Das Bergmassiv von *Dsuun Mod* besitzt typischen Mittelgebirgscharakter und hebt sich im W und S markant aus seiner hügeligen Umgebung hervor. Die größten absoluten Höhen übersteigen 1700 m. Auffallend sind im Gebiet von Dsuun Mod die breiten, flachen Wasserscheiden, aber tief eingeschnittene V-Täler. Nach E. M. MURZAJEW (1954) ist diese Besonderheit für das Chentejgebirge insgesamt charakteristisch. In fast allen Tälern des Bergmassivs von Dsuun Mod sind ständig wasserführende Bäche vorhanden, die zum Charaa-gol[2]) und zum Boroo-gol entwässern. In den Tälern überwiegt die Erosion gegenüber der Akkumulation. Bis zu einer Höhe von 1300 m herab ist das Bergmassiv mit geschlossener dichter Taiga überzogen.

Das Gebiet von *Boroo* und die übrigen Teile des Arbeitsgebietes gehören zum Hügelland. Die absoluten Höhen übersteigen 1200 bis 1300 m nicht, die relativen Höhenunterschiede betragen immerhin noch 200—300 m. Die Täler sind meist breit, mit wechselnder Neigung der Hänge. Ständig fließende Gewässer fehlen weitgehend. Im Hügelland treten vereinzelt Waldinseln in geschützten Nordlagen in größerer Höhe auf. Im allgemeinen gehört das Hügelland zu der für große Teile der Mongolei typischen Bergsteppe.

Gut ausgebildete, breite Ebenen bilden die Täler des Charaa-gol und des Boroo-gol. Die Täler sind in der Regel 2—3 km, maximal 5 km breit. Zwei gut ausgebildete akkumulative Terrassen säumen die Talauen des Boroo-gol in einer Höhe von 2—3 m bzw. 5—6 m. Für beide Flüsse ist ein intensives Mäandrieren charakteristisch. Die Talauen sind oft auf weite Erstreckung versumpft. Beide Täler tragen Auenvegetation, wobei es gelegentlich zur Bildung von Salzböden mit charakteristischer Salzflora kommt.

Die primären Goldlagerstätten von Dsuun Mod und Boroo wurden von der Aktiengesellschaft „Mongolor" 1913 in Produktion genommen und am Boroo-gol eine Aufbereitungsanlage (Amalgamierung) errichtet. 1914 wurde dann auch in Dsuun Mod eine Aufbereitung mit zusätzlicher Zyanidlaugerei in Betrieb genommen. Die Einstellung der Goldgewinnung geschah 1918/1919 infolge der revolutionären Ereignisse. Vom Bergbautrust der Mongolischen Volksrepublik wurden 1942 im Gebiet Boroo Abbau und Aufbereitung wieder aufgenommen, aber 1957 auf Grund organisatorischer Schwierigkeiten (Arbeitskräftemangel) eingestellt.

Geologische Verhältnisse des Lagerstättengebiets

Für das Chentejgebirge wie für den gesamten östlichen Teil der Mongolischen Volksrepublik liegt eine fast geschlossene geologische Kartierung vor. Größere Teile dieses Territoriums sind im Maßstab 1 : 200000 und größer aufgenommen worden. Für die restlichen Gebiete existieren geologische Karten in den Maßstäben 1 : 500000 oder 1 : 1000000. Dennoch ist nicht zuletzt auf Grund der komplizierten geologischen Verhältnisse und der schwierigen Geländebedingungen eine Reihe von Fragen des geologischen Baus nicht geklärt. Zu diesen Fragen gehören die Gliederung der paläontologisch sterilen (?) metamorphen Folgen des unteren und mittleren Paläozoikums, die stoffliche und altersmäßige Gliederung der verschiedenen intrusiven Komplexe und deren Bedeutung für die Vererzung sowie der strukturelle und metallogenetische Entwicklungsablauf.

Die ersten geologischen Nachrichten über das Gebiet stammen von W. A. OBRUTSCHEW, der 1892—1894 auf seiner Marschroute von Kjachta über Urga (Ulan-Bator) nach Kalgan auf der gleichnamigen Karawanenstraße durch das Gebiet kam. OBRUTSCHEW scheidet eine alte Folge von Gneisen, kristallinen Schiefern mit Kalken, Quarziten und metamorphen Sandsteinen aus, auf welche Kalk-Quarz-Schiefer und Kieselkalke mit einer Korallen- und Bryozoen-

---

[1]) Eingang des Manuskripts in der Redaktion: 14. 7. 1964
[2]) gol (mongolisch = Fluß)

fauna auflagern. Nach anfänglicher Einstufung dieser Fauna in einen devonisch-karbonischen Komplex konnte durch spätere Untersuchungen (P. P. SISOWA 1935) eine genaue Einstufung in das Unterkarbon vorgenommen werden.

Die erste flächenhafte Kartierung größerer Teile der nordöstlichen Mongolei, einschließlich des unmittelbaren Arbeitsgebietes, wurde 1913—1914 von M. A. USOW (1915) im Maßstab 1:420000 durchgeführt. USOW teilte die sedimentär-metamorphen Komplexe des Chentej in zwei Folgen:

1. Barchinsker Folge, bestehend aus Kalken, Kieselschiefern, Tonschiefern, Phylliten und Grauwacken. Dieser Folge gibt er archäisches Alter. Auf ihr lagert transgressiv die

2. Grauwackenfolge, vertreten durch grau-grüne Sandsteine und Schiefer in Wechsellagerung mit einem deutlich ausgeprägten Basiskonglomerat. Diese Folge stuft USOW ins Algonkium ein.

Bei den Intrusionen schied USOW drei Komplexe aus:

a) intermediäre Intrusionen, b) porphyrische Mikroklin-Hornblende-Granite, c) Aplitgranite.

Die von USOW untersuchten zwei metamorphen Folgen, vorwiegend jedoch die Grauwackenfolge, besitzen auf dem Gebiet der Mongolei eine außerordentliche Verbreitung. Als intensiv gefaltetes und metamorphosiertes mittleres Strukturstockwerk nimmt die Grauwackenfolge im Komplex mit verschiedenen granitischen Intrusionen fast die gesamte Fläche des Chentejgebirges, des zentralen und östlichen Changaihochlandes und wesentliche Teile der Grundgebirgsaufbrüche im E, SE und S der Mongolischen Volksrepublik ein. In der Literatur ist diese Serie unter den Namen Grauwackenformation, Sandstein-Schiefer-Folge, Phyllitformation, Grauwacken-Schiefer-Folge und ähnlich beschrieben. Die amerikanischen Geologen A. W. GRABAU (1922) und C. P. BERKEY & F. K. MORRIS (1927) schieden die Folge unter dem Namen „Changai-Serie" aus und parallelisierten sie mit dem Sinischen System v. RICHTHOFENs im nördlichen Teil der VR China.

Bis zu Beginn der dreißiger Jahre wurde von allen Erforschern der Mongolei das Alter dieser Bildungen als präkambrisch datiert und entsprechend diesen Vorstellungen fast die gesamte Ost- und Zentralmongolei als alte vorpaläozoische Gebirge an das Sibirische Massiv angegliedert (s. u. a. E. SUESS).

Die Mitte der dreißiger Jahre und besonders nach dem zweiten Weltkrieg einsetzende Etappe intensiver geologischer Forschungen in der östlichen und zentralen Mongolei zeigte jedoch, daß präkambrische Bildungen nur geringe Verbreitung besitzen und meist nur als kleine Felder unter jüngeren paläozoischen und meso-känozoischen Ablagerungen hervortreten. So gelang es z. B., aus den USOWschen Barchinsker und Grauwackenserien im E und SE der Mongolei faunistisch charakterisiertes Obersilur, alle drei Abteilungen des Devons, Unterkarbon und Unter- und Oberperm auszuscheiden.

Die in den letzten fünfzehn Jahren vor allem in der östlichen und nördlichen Mongolei durchgeführten Arbeiten fanden ihre erste verallgemeinernde Auswertung bei N. A. MARINOW (1957) und dem Autorenkollektiv W. G. WASILJEW, W. S. WOLCHONIN, G. L. GRISCHIN, A. C. IWANOW, N. A. MARINOW & K. B. MOKSCHANZEW (1959).

Vom Chentejgebirge bis zu den zentralen Teilen des Changaihochlandes (E—W-Erstreckung 800 km, N—S-Erstreckung 300 km) nimmt jedoch nach wie vor die ungegliederte Sandstein-Schiefer-Serie (Grauwackenformation u. a. älterer Autoren) gewaltige Flächen ein. Durch die Ausscheidung der obenerwähnten faunistisch belegten Folgen kann jedoch das Alter dieser Bildungen recht eindeutig als unter- bis mittelpaläozoisch (ordovizisch bis devonisch) eingeengt werden.

Die Gesteine der Sandstein-Schiefer-Serie besitzen neben den granitischen Intrusiva im Chentejgebirge die weiteste Verbreitung. Präkambrium ist nur in den gehobenen Teilen einiger Blöcke angeschnitten, während die schon erwähnten karbonischen Sedimente nur in kleinen Mulden an der äußeren Nordwestflanke des Gebirges verbreitet sind.

Der gesamte Komplex ist intensiv gefaltet. Auf diesem metamorphen Untergrund lagert Perm mit großer Winkeldiskordanz transgressiv auf, wobei die permischen Sandsteine, Konglomerate, kohligen Schiefer, Quarzporphyre, Porphyrite und deren Tuffe im östlichen Vorland des Chentej vorherrschen (Vortiefe?).

Die Magmenentwicklung des Chentejgebirges ist gekennzeichnet durch vorwiegend granitische bis granodioritische Intrusionen, dagegen treten dioritische und gabbroide Magmen bei weitem zurück. Eine systematische petrographisch-chronologische Klassifikation der Intrusiva fehlt noch.

Dieses für das Chentejgebirge insgesamt gegebene Bauschema trifft auch für das Gebiet Dsuun Mod—Boroo selbst zu (Abb. 2).

Neben granitischen Intrusionen besitzen im Arbeitsgebiet ungegliederte grüne bis graue metamorphe quarzitähnliche Sandsteine und Schiefer die weiteste Verbreitung. N. I. NEWSOROW (1946 u. 1948) teilte die Sandstein-Schiefer-Serie im Arbeitsgebiet in drei altersmäßige Folgen. Die Dreiteilung der Serie läßt sich jedoch nach Meinung der Verf. nicht aufrechterhalten, zumal nach dieser Gliederung die allgemeinen Lagerungsverhältnisse der regionalen Stellung des Gebietes an der Westseite der Chentej-Antiklinorie widersprechen. Vorherrschende Glieder dieser Serie sind metamorphe Sandsteine und Schiefer von grünlich-grauer Farbe und granoblastischer oder blastopsammitischer Struktur. Die Gesteine bestehen aus Quarz (bis 70%), Feldspat, Amphibol, Biotit, Chlorit und Serizit. In einigen Sandsteinpartien tritt Karbonat als Bindemittel auf. Im Bereich der granitischen Komplexe ist diese Serie kontaktmetamorph zu Hornfelsen und Biotit-Cordierit-Knotenschiefer umgebildet. Infolge Fehlens von Leithorizonten und faunistischer Funde sowie auf Grund der Eintönigkeit der Serie läßt sich der innere strukturelle Bau des Komplexes vorläufig nicht klären. Das Streichen dieser Gesteinsserie ist NE—SW mit meist steilem Einfallen nach SE.

In einer größeren geschlossenen Fläche sind im Bergmassiv von Dsuun Mod Quarzporphyre entwickelt, die sich in einem schmalen Streifen an einem Bruchsystem entlang nach NE fortsetzen. Dieses Bruchsystem (Sudsuchtè-Bruch) selbst bildet die SE-Grenze des Quarzporphyrmassivs von Dsuun Mod und läßt sich weit über die Grenzen des Arbeitsgebietes hinaus verfolgen. Bei den Quarzporphyren handelt es sich um grau-violette, gelblich-graue, selten rötliche Gesteine mit 1 bis 2 mm großen Einsprenglingen von Quarz, Feldspat und selten Biotit. Die Grundmasse besteht aus Quarz, alkalischen Feldspäten und zurücktretend Biotit, Chlorit und Serizit; ihre Struktur ist mikrogranitisch, mikropoikilitisch und mikrofelsitisch. Fluidaltextur tritt nur selten auf.

Am Nordrand des Quarzporphyrmassivs überlagert eine sedimentär-effusive Folge von Sandsteinen, Konglomeraten, kohligen Schiefern mit Pflanzenabdrücken, Tuffen und einzelnen Zwischenlagen von Porphyren und Porphyriten transgressiv die Quarzporphyre, die metamorphe Sandstein-Schiefer-Serie und verschiedene Granite. Nach Flora- und Sporenuntersuchungen von ANDREJEWA (bei W. N. LOGINOW u. a. 1959) besitzt diese Schichtenfolge oberpermisches Alter. Diese neueren Untersuchungen korrigieren die Auffassungen von USOW und NEWSOROW über ein kretazisches Alter der Quarzporphyre von Dsuun Mod.

Die in ihrer Ausdehnung beachtlichen granitischen Komplexe werden von verschiedenen Bearbeitern sehr unterschiedlich gegliedert. In Anlehnung an W. N. LOGINOW (1959) lassen sich folgende Typen ausscheiden: Aplitgranite Biotitgranite, porphyrische Granite und Granodiorite. Daneben treten nördlich des Charaa-gol noch Granitporphyre und Granosyenite in größeren Massiven auf. Einige dieser Granite besitzen einen aktiven Kontakt zur metamorphen Sandstein-Schiefer-Serie und werden von floristisch belegten oberpermischen Ablagerungen überdeckt. Genauere geologische Fakten über die Alterstellung der Intrusiva sind im Arbeitsgebiet bisher nicht bekannt. Von mehreren Bearbeitern wird das Vorhandensein von jungen mesozoischen Graniten (jurassisch bis kretazisch) angenommen und mit ihnen die Goldvererzung in Verbindung gebracht. Das mesozoische Alter für einige intrusive Komplexe drängt sich zweifellos durch Vergleiche mit Osttransbaikalien auf, muß aber nach wie vor als unbewiesen gelten, da nur in der östlichen und nordöstlichen Mongolei Beweise für mesozoische Intrusionen bekannt sind.

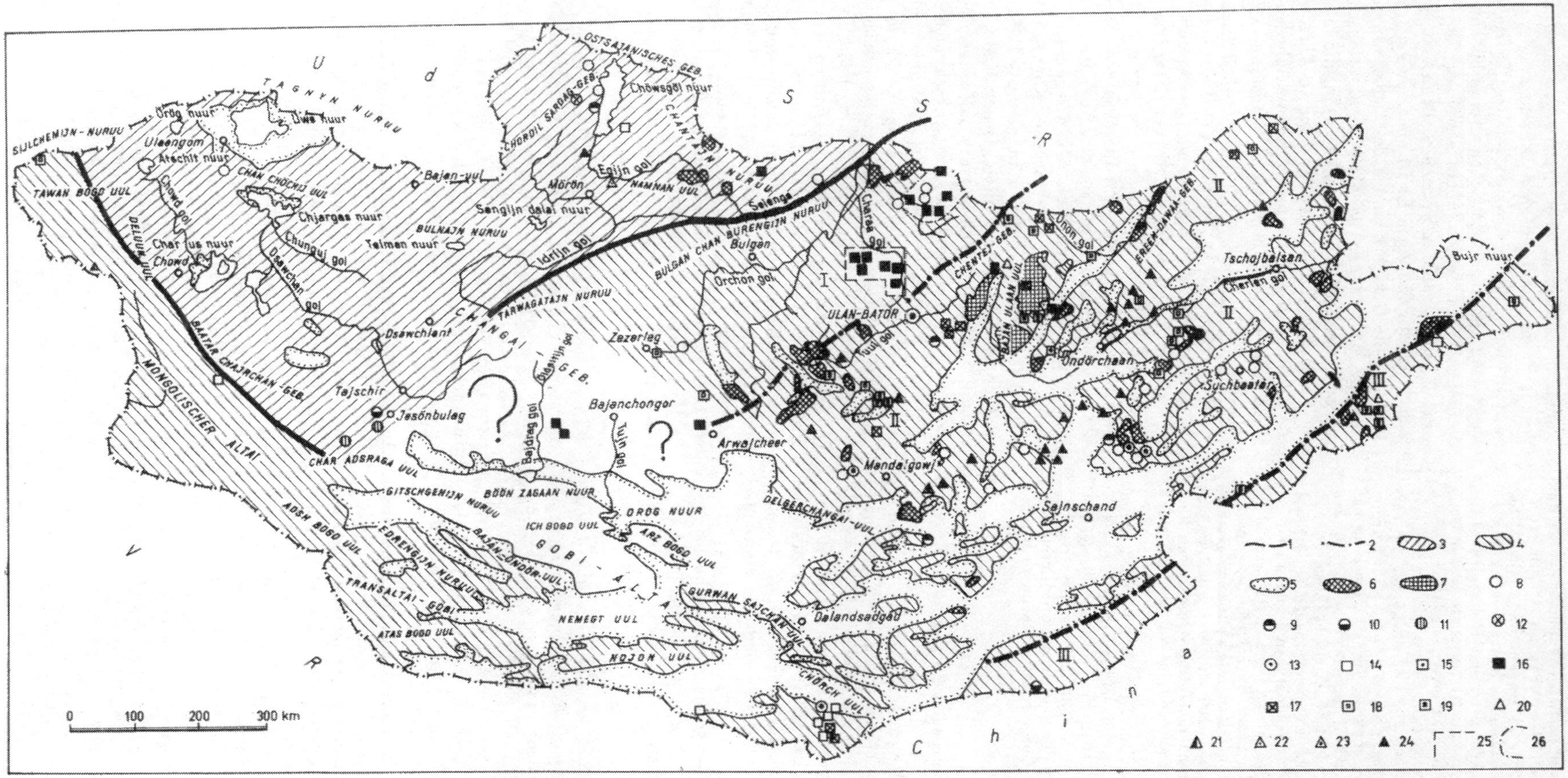

Abb. 1. Verteilung der magmatogenen Erzvorkommen auf dem Territorium der Mongolei (verwendete Kartengrundlage nach N. A. MARINOW 1963)

1 – angenommene Grenze zwischen dem kaledonischen und varistischen Erzgebiet, 2 – angenommene Grenzen zwischen den Erzgürteln, 3 – kaledonisches Faltungsgebiet, 4 – varistisches Faltungsgebiet, 5 – auf konsolidiertem Untergrund aufgelagerte meso-känozoische Mulden, 6 – ungegliederte Massive kimmerischer Granite, 7 – varistische Granite mit kleinen Massiven kimmerischer Granite, 8 – Eisen, 9 – Mangan, 10 – Chrom, 11 – Asbest, 12 – Vanadin, 13 – Kupfer, 14 – Blei, 15 – Blei und Zink, 16 – Gold, 17 – Zinn, 18 – Wolfram, 19 – Zinn und Wolfram, 20 – Molybdän, 21 – Wolfram und Molybdän, 22 – Doppelspat, 23 – Flußspat, 24 – Graphit, 25 – Goldquarzgänge Dsuun Mod und Boroo, 26 – Iuri-Goldseifen

Vorwiegend auf varistischen Untergrund aufgeprägte Zonen der pazifischen Vererzung:

I – Gold-Molybdän-Gürtel, II – Zinn-Wolfram-Flußspat-Gürtel, III – Wolfram-Molybdän-Gürtel

Im Gegensatz zu den granitischen Komplexen treten die Quarzdiorite, Diorite und Gabbros nur in Form stockartiger Kleinintrusionen oder in Gangausbildung auf. Sie sind besonders entlang des Sudsuchté-Bruchs und am Mittellauf des Boroo-gol entwickelt. Die Gesteine bestehen aus Plagioklasen, Amphibolen und Biotit. Seltenere Bestandteile sind Pxroxene, Quarz und Kalifeldspäte. Der innere Aufbau dieser Massive scheint recht kompliziert zu sein, da mehrere Abarten der Gesteine innerhalb der Gesteinskörper eng verflochten miteinander anzutreffen sind. Auf die Bedeutung der dioritischen Kleinintrusionen für die Goldvererzung hat besonders J. A. BILIBIN (1961) hingewiesen. Auf diesen Zusammenhang kann hier nicht näher eingegangen werden, wenngleich auch in unserem Untersuchungsgebiet gewisse Beziehungen zu dioritischen Gesteinstypen gegeben sind.

Eine bunte Serie von Gesteinsgängen setzt sowohl in den Graniten als auch in der Sandstein-Schiefer-Serie und in den Quarzporphyren auf. Vertreten sind aplitische, granitische, dioritische bis gabbrodioritische Typen sowie Lamprophyre. Vor allem die dioritischen bis gabbrodioritischen Vertreter bilden weit aushaltende und bis zu 10 m mächtige Gänge.

Für die Gesamtheit der Intrusiva gibt es noch keine genügende stoffliche und altersmäßige Einteilung. Die weiteren geologischen Arbeiten im Untersuchungsgebiet müssen sich deshalb im besonderen auf eine intensive Bearbeitung der Magmatite in dieser Richtung orientieren, wobei ihren Beziehungen zur Goldvererzung besondere Beachtung geschenkt werden muß.

Charakteristik der goldführenden Quarzgänge

Die regional-metallogene Position der endogenen Erzlagerstätten der zentralen und östlichen Mongolei ist durch G. L. PADALKA (1934), A. D. KALENOW (1947) und eine das Gesamtgebiet der MVR umfassende metallogenetische Arbeit N. A. MARINOWS (1963) gekennzeichnet worden, wenngleich zu Detailfragen noch manche Unklarheiten und Widersprüche bestehen, was bei dem — im Vergleich mit mitteleuropäischen Verhältnissen — geringen Erforschungsgrad verständlich ist. Darüber hinaus werden derartige Betrachtungen durch mächtige mesozoisch-känozoische Überlagerungen besonders im S und E des Landes erschwert.

Die sehr ähnliche geologisch-strukturelle und damit zusammenhängende magmatisch-minerogenetische Entwicklung Osttransbaikaliens und der Zentral- und Ostmongolei zwingen aber zur Annahme einer minerogenetischen Einheit beider Gebiete, die als „Zentralasiatische Erzprovinz" nach A. D. KALENOW (1947) einen Teil des nordasiatischen Sektors des „Pazifischen Erzgürtels" S. S. SMIRNOWS (1946) bildet. Die räumliche Verteilung substantiell unterschiedlicher Lagerstätten und Vorkommen in Osttransbaikalien führte SMIRNOW (1961) zu seiner bekannten Zonengliederung dieses Vererzungsgebietes. Er unterscheidet von W nach E folgende, etwa NE—SW verlaufende Erzzonen: Au-Mo-Zone — Sn-W-Zone — Polymetallische Zone. Diese empirisch ermittelte Zonalität der Vererzung erhielt durch die jüngeren geologischen Untersuchungen ihre geologisch-strukturelle Deutung. Die recht augenscheinliche Fortsetzung der erstgenannten beiden Mineralisationszonen in das Gebiet der Mongolei hinein wurde bereits von G. L. PADALKA erkannt, später von A. D. KALENOW und N. A. MARINOW modifiziert (Abb. 1).

Die zu betrachtenden Lagerstättengebiete von Dsuun Mod und Boroo gehören zur „Chentej-Golderzprovinz", die besonders die westliche Flanke des Chentejgebirges einnimmt und nach den zitierten Autoren metallogenetisch den mongolischen Abschnitt des Au-Mo-Gürtels bilden dürfte, der sich bei einer Breite von 150 bis 200 km von der sowjetischen Grenze bis auf 400 km in mongolisches Gebiet hinein erstreckt. Die SW-Begrenzung der genannten Erzzonen läßt sich zur Zeit noch nicht eindeutig festlegen. Es ist aber durchaus möglich, daß auch die Goldvorkommen des Gebietes um Bajan-Chongor noch dieser Au-Mo-Mineralisationszone zugeordnet werden können (Abb. 1). Ohne die Zuordnung der Chentejprovinz zur Au-Mo-Zone in Abrede stellen zu wollen, muß auf die bisher nur in unbedeutendem Maße festgestellte Molybdän-Mineralisation auf mongolischem Gebiet aufmerksam gemacht werden. Auch ist die für die östliche Mongolei und Osttransbaikalien als recht gesichert angegebene mesozoische (oberjurassische bis kretazische) Altersstellung zahlreicher Magmatite und der Vererzung, die letztlich zur Eingliederung in den pazifischen Erzgürtel führte, für das Chentejgebirge noch nicht eindeutig belegt.

Die Verbreitung der Goldlagerstätten im westlichen Chentejgebirge läßt eine Konzentration im Flußgebiet des Iuri-gol und in den ca. 120 km südwestlich gelegenen Bezirken von Dsuun Mod und Boroo erkennen (Abb. 1). Während die Goldanreicherung im erstgenannten nördlicheren Gebiet auf sekundäre Lagerstätten, Goldseifen, beschränkt ist und die zugehörigen primären Lagerstätten nach einigen, allerdings nur sporadischen Bemusterungen unwesentliche Goldführung aufweisen sollen, zeigen umgekehrt in Dsuun Mod und Boroo die primären hydrothermalen Quarzgänge teilweise beachtliche Goldführung. Zugehörige Seifenlagerstätten sind hier nicht von wesentlicher Bedeutung, so daß wir sie im folgenden unberücksichtigt lassen. Inwieweit diese räumliche Trennung beider Lagerstättentypen einem unterschiedlichen Erosionsanschnitt beider Gebiete zuzuschreiben ist, bedarf noch einer eindeutigen Klärung, die für die perspektivische Einschätzung des gesamten Chentej praktische Bedeutung besitzt.

Die derzeitige Lokalisation der Goldvererzung auf die umrissenen Gebiete ist aber auch unter dem Gesichtspunkt des relativ geringen Erforschungsgrades des gesamten Territoriums zu betrachten. Es sind Anzeichen einer Goldvererzung über diese Gebiete hinaus bekannt. Dies trifft auch für den Bereich des eigentlichen Untersuchungsgebietes Dsuun Mod—Boroo zu. Die Erzgänge wurden fast ausschließlich zufällig entdeckt und alle späteren Such- und Erkundungsarbeiten konzentrierten sich auf diese Erzkörper oder ihre engste Umgebung, ohne daß in den zwischenliegenden Gebieten systematische und intensive Sucharbeiten erfolgten. So ist es auch nicht verwunderlich, daß die Erzgänge recht isoliert voneinander auftreten, was nicht charakteristisch für Gangerzbezirke ist. Auch bei der angedeuteten Häufung der aufgeschlossenen Gänge im Quarzporphyrmassiv von Dsuun Mod und westlich des Boroogol, die zu einer Zweigliederung in die Ganggruppe Dsuun Mod und die Ganggruppe Boroo geführt hat, muß man also den Untersuchungsgrad mit in Betracht ziehen, wobei die Höffigkeit weiterer Teile des Untersuchungsgebietes nicht ausgeschlossen ist.

Die Erscheinungsformen der Erzgänge, weniger ihr Mineralinhalt, weisen in beiden Teilgebieten

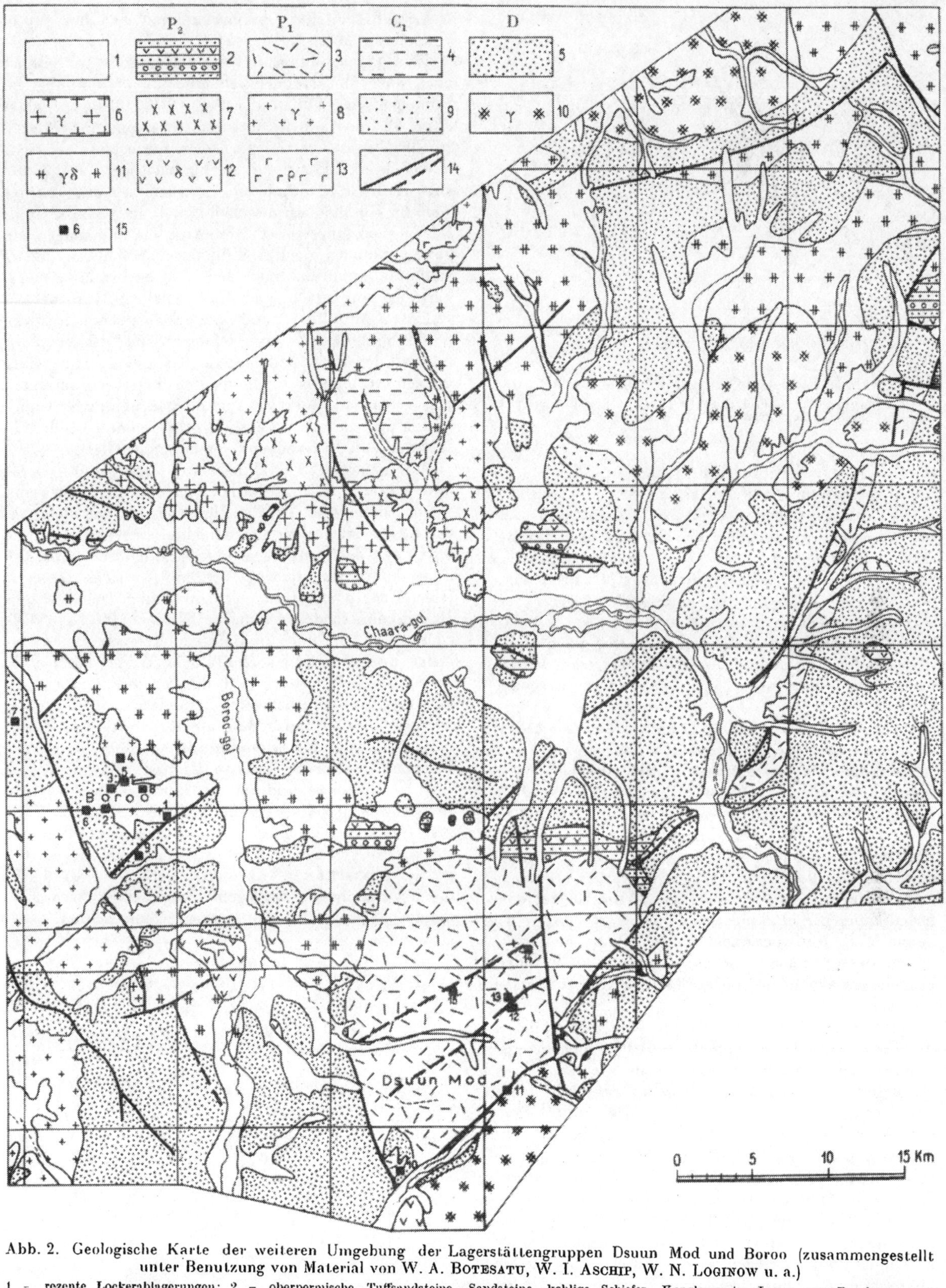

Abb. 2. Geologische Karte der weiteren Umgebung der Lagerstättengruppen Dsuun Mod und Boroo (zusammengestellt unter Benutzung von Material von W. A. BOTESATU, W. I. ASCHIP, W. N. LOGINOW u. a.)

1 – rezente Lockerablagerungen; 2 – oberpermische Tuffsandsteine, Sandsteine, kohlige Schiefer, Konglomerate, Lagen von Porphyren und Porphyriten; 3 – wahrscheinlich unterpermische Quarzporphyre; 4 – karbonische Konglomerate, Aleurolithe, Sandsteine; 5 – ungegliederte Quarzsandsteine, grüne Schiefer, örtlich kristalline Schiefer, Amphibolite u. Migmatite; 6 – Granit-Porphyre; 7 – Granosyenit, Quarzsyenite; 8 – ungegliederte Granitoide, vorwiegend Biotitgranite; 9 – Aplitgranit; 10 – prophyrischer Granit; 11 – Granodiorit, Quarzdiorite; 12 – Diorite, Quarzdiorite; 13 – Gabbro, uralitisierter Gabbro; 14 – Störungen (nachgewiesen und vermutet); 15 – Goldquarzlagerstätten; Gruppe Boroo: 1 bis 8 – Lgst. Nr. 1–8; 9 – Lgst. Zagaan Tschuluut; Gruppe Dsuun Mod: 10 – Lgst. Chargana, 11 – Lgst. Sudsuchté, 12 – Lgst. Iré (Gang 1), 13 – Iré (Gang 2), 14 – Lgst. Urto, 15 – Lgst. Bawgait

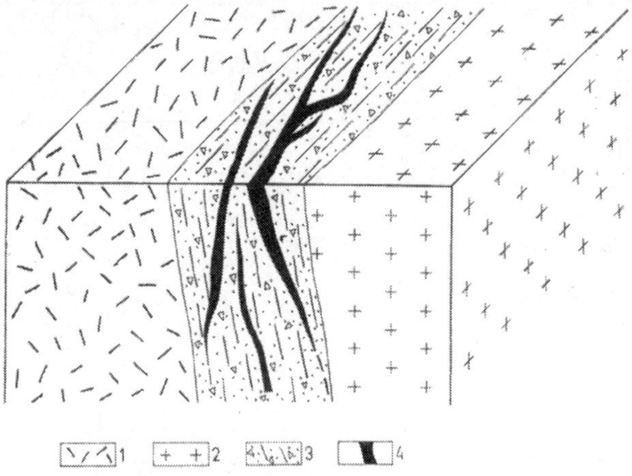

Abb. 3. Lagerstätte Sudsuchté (schematisch)
1 — Quarzporphyre, 2 — porphyrische Granite, 3 — hydrothermal überprägte Mylonitzone, 4 — Erzgänge

etwas voneinander abweichende Züge auf, die eine getrennte Behandlung zweckmäßig erscheinen lassen.

Die Erzgänge der *Ganggruppe Dsuun Mod* setzen bevorzugt im Quarzporphyrkomplex bzw. im Bereich der schon erwähnten großen bruchtektonischen Störungszone, dem Sudsuchté-Bruch, auf, der den Quarzporphyr gegen den im SE angrenzenden Granit verwirft. Aber auch im Granit (zumindest in seinen randlichen Zonen) und vor allem in dem sich im SW anschließenden Sandstein-Schiefer-Komplex sind weitere Fundpunkte, aber bisher keine bauwürdigen Erzgänge bekannt.

Die größte bisher bekannte Lagerstätte Sudsuchté ist — wie offensichtlich die Lagerstätte Chargana und weitere Fundpunkte — an diese NE—SW streichende tektonische Trennfläche gebunden. Zumindest im weiteren Bereich der Lagerstätte Sudsuchté ist diese Störung als ca. 200 m breite 70°—85° SE einfallende Mylonit- bis Ultramylonitzone ausgebildet, die intensiv durch magmatische Restlösungen überprägt wurde. Daneben sind weitere, annähernd parallel zu diesem regional bedeutenden Bruchelement verlaufende Störungen bekannt (z. B. Iré-Bruch) oder zu vermuten. Die mechanische Beanspruchung wie auch hydrothermale Überprägung entlang dieser Brüche erfolgte allerdings weniger intensiv.

Die Erzgänge sind ganz offensichtlich eng an dieses NE—SW verlaufende bruchtektonische Element gebunden. Die Gangspalten setzen im Bereich dieser Störungen im allgemeinen diagonal zu deren generellem Streichen auf, wofür die Lagerstätte Sudsuchté ein typisches Beispiel liefert (Abb. 3). Die Ausbildung der Gänge dieses Typs läßt an ihrem Zugspaltencharakter keinen Zweifel. Die bis zu 2,5 m mächtigen Gangkörper sind von scharfen glatten Salbändern begrenzt und von einfachem Bau ohne wesentliche Zwischenmittel und Nebentrümer. In den einzelnen Gruben ist zumeist nur eine Gangspalte entwickelt, nur selten konnten, wie in Sudsuchté, bisher Parallel- und Diagonaltrümer nachgewiesen werden. Der relativ guten Mächtigkeitsbildung dieses Gangtyps steht aber ihre geringe streichende Erstreckung (ca. 250 m) gegenüber, wobei aber teilweise eine vorzeitige Einstellung der Aufschlußarbeiten zu berücksichtigen ist. Dies gilt in besonderem Maße für den Tiefenaufschluß.

Die Gangausbildung auf der Lagerstätte Iré beweist aber auch die Möglichkeit einer Spaltenöffnung im Streichen und Fallen der NE—SW-Störungen selbst (Abb. 4). Innerhalb des als breite Scherzone entwickelten Iré-Bruches ist die Gangspalte in Form einzelner, sehr kurzer (max. 25 m) und geringmächtiger Gangmittel entwickelt, d. h. durch eine extreme Absetzigkeit sowohl im Hinblick auf die Mächtigkeit als auch die Goldführung gekennzeichnet. Zwar sind die Salbänder noch gut zu erkennen, doch sind die linsenartigen Gangmittel mitunter geradezu mit dem Nebengestein (Quarzporphyr) verquetscht und dieses vielfach hydrothermal silifiziert. Auffällig ist auch die außergewöhnlich starke Sulfidimprägnation des Nebengesteins. Dieser zwar noch als Scherspalte zu deutende Gang erinnert in seiner ganzen Ausbildung schon an den Typ der „vererzten Ruschelzonen". Der recht ungünstigen, absetzigen Gangausbildung ist die wesentlich größere streichende Erstreckung dieses Gangtyps gegenüberzustellen.

Der geologische Rahmen der *Ganggruppe Boroo* unterscheidet sich wesentlich von dem im Gebiet von Dsuun Mod (Abb. 2). Das Nebengestein der Mehrzahl der Gänge bildet hier die Sandstein-Schiefer-Serie, die durch den flach unterlagernden Granit in einer breiten Zone kontaktmetamorph verändert wurde. Dagegen fehlen quarzporphyrische Gesteine völlig. Das in Dsuun Mod dominierende tektonische Element, die NE—SW-Störungen, tritt auch in Boroo in Erscheinung, wenngleich auch nicht in so auffälliger Weise. Hierbei ist aber zu berücksichtigen, daß die von diesen Störungen ausgehende hydrothermale Veränderung das dichte, weniger klüftige und zudem auch quarzitische Gestein nur auf wenige Meter beeinflußt hat und somit einer Übersichtskartierung gewisse Grenzen gesetzt waren. Darüber hinaus — und dies ist charakteristisch für das Gebiet von Boroo — ist hier ein zweites NNW—SSE bis N—S verlaufendes bruchtektonisches Element stärker ausgeprägt. Dieses ist nicht nur durch die großen auskartierten Störungen, sondern auch durch die Eruptivgänge, vorwiegend dioritischen Charakters, die der gleichen Richtung folgen, gekennzeichnet.

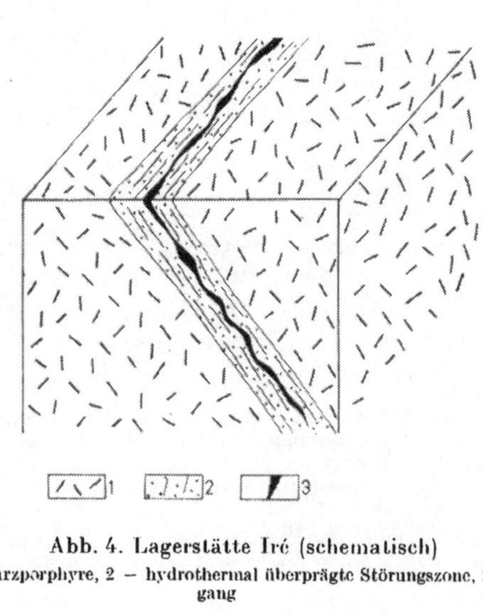

Abb. 4. Lagerstätte Iré (schematisch)
1 — Quarzporphyre, 2 — hydrothermal überprägte Störungszone, 3 — Erzgang

Auch in diesem Gebiet sind einige Gänge in gleicher Art an die Störungen des NE—SW-Systems gebunden wie in Dsuun Mod, d. h. als Diagonal- oder Fiederspalten diesem System zugeordnet. Darüber hinaus tritt aber hier die angeführte NNW—SSE-Richtung, und zwar besonders in Form der genannten Eruptivgänge als tektonisches Leitelement für die Gangspaltenbildung, stärker in Erscheinung. So zeigt eine ganze Anzahl der aufgeschlossenen Gänge ein für Dsuun Mod völlig fremdes NNW bis N gerichtetes Streichen, das dadurch bedingt ist, daß sich die Gangspalten den Dioritgängen anlegen, streckenweise sogar unmittelbar derem Salband folgen. Wie die Lagerstätte Nr. 6 stellvertretend für weitere Gänge dieser Anlage dokumentiert (Abb. 5), wird aber auch in diesen Fällen die dominierende Rolle der NE-Störungen unterstrichen. Infolge einer in Richtung dieser NE-Störungen anzunehmenden Zugbeanspruchung sind hier aber offensichtlich ältere tektonische Elemente als Schwächelinien für die Spaltenöffnung wirksam geworden. Damit kommt zugleich auch den Kreuzen beider Bruchsysteme eine besondere erzkontrollierende Bedeutung zu. Der Zugspaltencharakter der Gänge tritt in Boroo noch deutlicher in Erscheinung. Sie sind in ihrer Mächtigkeit weniger absetzig als die Zugspalten von Dsuun Mod und stellenweise durch außergewöhnliche Mächtigkeiten (bis 3,5 m) ausgezeichnet. In ihrer Ausdehnung gleichen

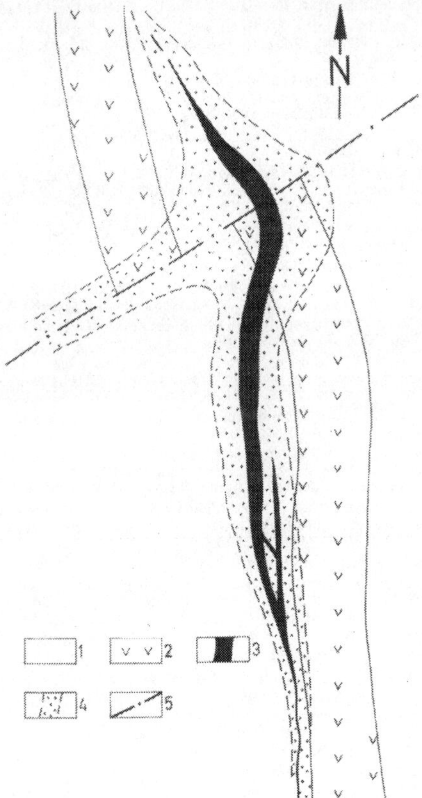

Abb. 5. Lagerstätte Nr. 6 (schematisch)
1 — quarzitähnliche Sandsteine und Schiefer, 2 — Gabbro-Diorit-Gang, 3 — Erzgang, 4 — hydrothermale Umwandlungszone, 5 — Störung

sie annähernd dem entsprechenden Typ der anderen Ganggruppe.

Die Gangfüllung ist zumeist richtungslos-massig und dicht, ohne wesentliche Drusenräume. Nur örtlich ist mitunter eine lagige Gangtextur angedeutet, die auf fein disperse Sulfidanreicherungen im Quarz der Salbandzonen zurückzuführen ist.

Der Mineralinhalt besteht zu 95—98% aus Gangquarz mehrerer Generationen, deren Unterscheidung nicht einfach ist. Den Rest bilden vor allem Pyrit und Arsenkies, weniger Kupferkies. Weiter zurück treten Fahlerz, Bleiglanz, dunkle Zinkblende und Freigold. Pyrit und Arsenkies sind paragenetisch bevorzugt mit dem Quarz der ersten Generation verbunden und nicht nur in den Spaltenräumen selbst abgesetzt, sondern auch in das hydrothermal außerordentlich intensiv überprägte Nebengestein abgewandert. Dagegen sind die übrigen Sulfide und Freigold vorwiegend an den Quarz der zweiten Generation gebunden und fast ausschließlich auf die Gangräume beschränkt. Der Quarz der dritten Generation ist durch Feinkörnigkeit (bis chalzedonartig) und weißere Färbung gekennzeichnet und im allgemeinen ohne Metallführung. Das Freigold ist bevorzugt mit dem zumeist leicht gefärbten mittelkörnigen Quarz der zweiten Generation in Form feiner (< 1 mm, maximal 5 mm) unregelmäßiger Körner verwachsen. Aber auch zu den Sulfiden sind enge paragenetische Beziehungen zu erkennen. In den nesterartigen Sulfidaggregaten ist Freigold sehr häufig zu beobachten, und zwar aufs engste mit den älteren Sulfiden, bevorzugt aber mit Pyrit, verwachsen. Ein Einbau von Gold in das Pyritgitter scheint nicht vorzuliegen, wohl aber feinste Verwachsungen beider. Dieser Anteil ist aber im Verhältnis zum Gesamtgold unbedeutend. Die Altersfolge der Minerale entspricht dem normalen Verlauf hydrothermaler Abfolgen, wobei Freigold nach Arsenkies—Pyrit—Quarz I etwa gleichzeitig mit den jüngeren Sulfiden Zinkblende, Kupferkies, Fahlerz und vor Bleiglanz ausgeschieden wurde.

Ein charakteristisches Merkmal des gesamten Vererzungsgebietes ist die außerordentlich intensive hydrothermale Nebengesteinsumwandlung, die sowohl von den Gangspalten aus als auch entlang der tektonischen Bruchlinien erfolgte. Besonders stark sind die klüftigen und entlang der Störungen zudem noch zerscherten Quarzporphyre, Granite und Dioritgänge chloritisiert, serizitisiert, silifiziert und sulfidisiert (vorwiegend pyritisiert) worden. Die damit verbundene makroskopisch gut sichtbare Aufhellung der Gesteine folgt in breiten Zonen den Gangspalten und Bruchzonen, ein wichtiges Kartierungs- und Suchkriterium bildend. Weit weniger intensiv ist der metamorphe Komplex mit seinen dichteren und häufig quarzitähnlichen Gesteinen beeinflußt worden. Die nur wenige Meter breiten hydrothermalen Einflußbereiche äußern sich hier häufig in starker Braunfärbung der Gesteine, die sich auf Oxydation des beachtlichen Pyritanteils zurückführen läßt.

Die herausgestellten lagerstättengeologischen Besonderheiten der beiden Vererzungsgebiete Dsuun Mod und Boroo, die im wesentlichen in den gangtektonischen Verhältnissen zum Ausdruck kommen, haben offensichtlich einige Bearbeiter bewogen, die räumlich-formale Zweigliederung zugleich zu einer genetischen zu machen. Dem widersprechen aber die sich weitgehend gleichende Mineralisation der Gangspalten und die paragenetischen Verhältnisse, so daß Verf. beide Gebiete als Felder einer genetischen Einheit (Lagerstättenbezirk) betrachten möchten und in der nur zum Teil voneinander abweichenden gangtektonischen Ausbildung lediglich einen Ausdruck der spezifischen lithologisch-tektonischen Besonderheiten beider Gebiete sehen.

Wie bei kaum einem anderen Lagerstättentyp läßt sich in wohl allen Lagerstättenklassifikationen die Unterscheidung zweier grundsätzlich verschiedener endogener Goldlagerstättentypen wiederfinden. Die Trennung in den Typ der sogenannten „alten" und „jungen" Golderzgänge geht schon auf F. v. RICHTHOFEN (1865) und H. L. VOGT (1895) zurück und findet sich — wenn auch erweitert und modifiziert — bei W. LINDGREN (1933) und schließlich bei H. SCHNEIDERHÖHN (1941), der die pneumatolytischen Gold-Turmalin-Gänge und hypoabyssischen meso-katathermalen Goldquarzgänge den subvulkanischen Gold-Silber-Lagerstätten gegenüberstellt. Auch in der modernen metallogenetischen Betrachtungsweise der SMIRNOW-BILIBINschen Schule, die gerade hinsichtlich der Goldlagerstätten zu einer weiteren Spezifizierung bezüglich ihrer Position im geologischen Entwicklungsprozeß geführt hat, lassen sich doch auch diese beiden Grundtypen wiederfinden. An anderer Stelle wird auf eine nähere Einstufung der Goldquarzgänge von Dsuun Mod und Boroo im Rahmen einer solchen Betrachtungsweise näher eingegangen, während hier abschließend nur eine kurze Kennzeichnung in bezug auf die heute noch anzuerkennenden Grundtypen gegeben werden soll.

Vergleicht man die Gesamtheit der dargestellten Erscheinungsformen mit den bei den einzelnen Bearbeitern weitgehend übereinstimmenden, kennzeichnenden Merkmalen, so ergibt sich unzweideutig eine Zuordnung zu den kata- bis mesothermalen (oder den sogenannten „alten") Goldquarzgängen, wobei die Hauptphase der Goldvererzung mehr dem mesothermalen Bereich zuzuordnen wäre. Während die Arsenkies-Pyrit-Anfangsphase wohl schon als katathermale Bildung angesehen werden kann, fehlen pneumatolytische Gangtypen, etwa in Form der Quarz-Turmalin-Gänge, im Gegensatz zum osttransbaikalischen Raum in den derzeitigen Aufschlüssen völlig, was im Zusammenhang mit den hier nicht diskutierten Erosions- und Intrusionsniveaus entsprechende Aussagen über die mögliche Teufenerstreckung der Goldvererzung zuläßt.

Zusammenfassung

In dem Beitrag wird eine erste Information über die im Jahre 1963 durchgeführten Arbeiten in dem Golderzbezirk des nordwestlichen Chentejgebirges (Mongolische Volksrepublik) gegeben. Es werden die geologischen Verhältnisse im Gebiet Dsuun Mod—Boroo dargelegt und die strukturelle Stellung des Gebietes umrissen. Die regional-metallogenetischen Beziehungen der Goldvererzung des nordwestlichen Chentejgebirges werden kurz erläutert und die gangtektonischen und mineralogischen Erscheinungsformen der Goldquarzgänge im Gebiet Dsuun Mod—Boroo charakterisiert.

Резюме

В статье дается первая информация о проведенных в 1963 г. работах в золоторудном районе северо-западного Хэнтэя (Монгольская Народная Республика). Излагаются геологические условия в районе Дзун Мод — Бороо, дается очерк структурного положения района. Объясняются кратко регионально-металлогенические взаимоотношения золотого оруденения северо-западного Хэнтэйского хребта, характеризуются жильно-тектонические и минералогические формы проявления кварцевых золоторудных жил в районе Дзун Мод—Бороо.

Summary

Early informations are given of works carried out in 1963 in the gold-ore district of the northwestern Chentej Mountains (Mongolian People's Republic). The geological conditions in the Dsuun Mod—Boroo area are described and its structural situation is outlined. The regional-metallogenetic relations of the gold mineralization in the northwestern Chentej Mountains are briefly discussed and outward veintectonic as well as mineralogical forms of the gold quartz veins in the Dsuun Mod—Boroo area are characterized.

Literatur

BERKEY, C. P. & F. K. MORRIS: Geology of Mongolia. — Nat. Hist. Central Asia. Amer. Mus. Nat. Hist., 11, 1927.

BEYSCHLAG, F., P. KRUSCH & J. H. L. VOGT: Die Lagerstätten der nutzbaren Mineralien und Gesteine. — Bd. 1 u. 2, Stuttgart 1914 u. 1921.

BILIBIN, J. A.: Dioritische Magmen als Erstquelle der Goldvererzung. — Ausgewählte Werke, Bd. III, Verl. Akad. Wiss. UdSSR, S. 149—165, Moskau 1961.

DÖRNFELD, G., M. KRAFT & U. MAHLER: Projekt zur weiteren Erkundung der primären Goldlagerstätten in den Gebieten Dsuun Mod und Boroo in der nördlichen MVR. — 1963 (unveröff.).

GRABAU, A. W.: Stratigraphy of China: The Sinian System. — Bull. geol. Soc. China, Peking 1922.

KALENOW, A. D.: Über die Fortsetzung der Erzgürtel Osttransbaikaliens auf das Territorium der Mongolischen Volksrepublik. — DAN SSSR, Ber. Akad. Wiss. UdSSR, 58, Nr. 2, S. 265—266, 1947.

— Zur Frage der westlichen Grenze des Pazifischen Gürtels. — Sowjet. Geol., Sammelband 24, Moskau 1947.

LINDGREN, W.: Mineral Deposits, 4. Aufl., 1933.

LOGINOW, W. N., u. a.: Der geologische Bau und die Golderzlagerstätten des nördlichen Teiles der MVR. — Geofond der MVR, 1959 (unveröff.).

MARINOW, N. A.: Stratigraphie der Mongolischen Volksrepublik. — Verl. Akad. Wiss. UdSSR, Moskau 1957.

— Die Gesetzmäßigkeiten der Verteilung der magmatogenen Lagerstätten mineralischer Rohstoffe auf dem Territorium der Mongolei. — Materialien zur Geologie der MVR, Gostoptechisdat, S. 149—170, Moskau 1963.

MURZAJEW, E. M.: Mongolische Volksrepublik. — (Russ.) 1952, (dtsch.) Gotha 1954.

NEWSOROW, N. I.: Bericht über die Ergebnisse der geologischen Kartierungs-, Such- und Erkundungsarbeiten auf Gold im oberen Teil des Beckens des Charaa-gol. — Geofond der MVR, 1946 (unveröff.).

— Die Golderzlagerstätten der nördlichen und zentralen Mongolei (innerhalb des Konzessionsgebietes der chem. Aktienges. Mongolor). — Geofond der MVR, 1948 (unveröff.).

OBRUTSCHEW, W. A.: Von Kjachta nach Kalgan. — Verl. Akad. Wiss. UdSSR, 1940.

PADALKA, G. L.: Geologisch-wirtschaftlicher Bericht über die im Chentej-Goldgebiet in der nördlichen Mongolei in den Jahren 1931—1932 durchgeführten Arbeiten. — Geofond der MVR, 1934 (unveröff.).

RICHTHOFEN, F. v.: China; Bd. II, III. — Berlin 1882, 1912.

SCHNEIDERHÖHN, H.: Lehrbuch der Erzlagerstättenkunde. — Jena 1941.

SISOWA, P. P.: Zur Charakteristik der unterkarbonischen Ablagerungen im Gebiet der Berge Urmuktui und Chaptagai in der Mongolei. — Komm. d. Akad. Wiss. UdSSR, Bd. VI, Nr. 15, 1935.

SMIRNOW, S. S.: Über den Pazifischen Erzgürtel. — Nachr. Akad. Wiss. UdSSR, geol. R., Sammelband 24, 1946.

— Abriß der Metallogenie Osttransbaikaliens. — Gosgeolisdat, Moskau u. Leningrad 1944. (Neu erschienen in: Die polymetallischen Lagerstätten und die Metallogenie Osttransbaikaliens.) — Verl. AN SSSR, S. 431—503, Moskau 1961).

SUESS, E.: Das Antlitz der Erde. — Wien 1885—1909.

USOW, M. A.: Orographie und Geologie des Chentejgebirges in der Mongolei. — Nachr. geol. Komitee, Bd. XXXIV, Nr. 8, 1915.

WASILJEW, W. G., u. a.: Der geologische Bau der Mongolischen Volksrepublik. — Gostoptechisdat, Leningrad 1959.

Zeitschrift für angewandte Geologie, Bd. 10 (1964) Heft 10

15 Jahre geologische Untersuchungsarbeiten auf Kupferschiefer in der DDR[1]

Kurt Dette & Johannes Rentzsch, Berlin

(Mitteilung Nr. 2 aus der HA Geologie der VVB Feste Minerale)

Einleitung

Die Wirtschaft der DDR benötigte nach 1945 neben anderen Rohstoffreserven auch vordringlich das Metall Kupfer. Deshalb richteten sich seit dem Wiederingangkommen der geologischen Erkundung die Arbeiten zeitweise besonders auf die Untersuchung der Kupferschiefervorkommen der DDR. Der Kupferschieferbergbau war und ist einer der größten Bergbaubetriebe in der DDR. Nun werden die selbständigen Erkundungsarbeiten auf Kupferschiefer in den nächsten Jahren endgültig auslaufen. Auch die Bearbeitung und Auswertung des gesamten vorliegenden Materials wird in absehbarer Zeit abgeschlossen sein. Deshalb erscheint es gerechtfertigt, jetzt eine Übersicht über den Ablauf der Arbeiten zu geben und den erreichten Stand der wissenschaftlichen Auswertung kurz zu umreißen. Die endgültige Dokumentation aller Untersuchungen in einer regionalen Synthese kann erst in einigen Jahren vorgelegt werden, wenn z. Z. laufende Untersuchungen von den jeweiligen Spezialbearbeitern abgeschlossen sein werden.

Zeitlicher Ablauf

Die neuen Untersuchungsarbeiten auf Kupferschiefer konnten ohne nennenswerte Unterbrechungen an die seit 1937 laufenden Arbeiten der „Studiengesellschaft Deutscher Kupferschieferbergbau G. m. b. H." anschließen. Bereits 1948 arbeiteten schon wieder zwei Bohrgeräte in der Sangerhäuser Mulde. Der damalige Geologische Dienst und die 1951 gegründete Staatliche Geologische Kommission (StGK) waren Planträger dieser Arbeiten. Zu jener Zeit gehörten die in Eisleben tätigen Geologen als Arbeitsstelle Eisleben zur StGK, bis 1952 die Geologische Abteilung Eisleben gebildet wurde. Mit Wirkung von 1. 1. 1957 erfolgte dann mit der Herauslösung der Arbeiten der Geologischen Abteilung Eisleben aus dem Bereich der StGK die Übernahme der geologischen Erkundungsarbeiten durch die Produktionsbetriebe.

Beim Übergang der Kupferschieferbergbaubetriebe in Volkseigentum mußte ein Vorratsvorlauf zunächst in den Grubengebäuden durch betriebsgeologische Erkundung geschaffen werden. Danach konnte sich diese auf das unmittelbare Vorfeld der Förderbetriebe konzentrieren, um dann schließlich ferner liegende Feldesteile zu erkunden oder neue Lagerstätten zu suchen. Darüber hinaus wurden vom Leiter der Geologischen Abteilung Eisleben geologische Untersuchungsarbeiten damals auch in Gebieten außerhalb des eigentlichen Lagerstättenbereichs der Produktionsbetriebe angesetzt. Diese Arbeiten, es sind die Objekte Badra und Gera, sind später von der Außenstelle Halle, dem Vorgänger des jetzigen VEB Geologische Erkundung West, als Objekte der StGK weitergeführt und abgeschlossen worden.

Zur Untersuchung der Verbreitung des Kupferschiefers, seiner Teufenlage und seiner gesamten geologisch-lagerstättenkundlichen Situation wurden in den Objekten der StGK neue Aufschlüsse fast ausschließlich durch Bohrungen geschaffen, nur in wenigen Ausnahmen wurde das Ausgehende beschürft. Die betriebsgeologische Kupferschiefererkundung untersuchte die Flözverhältnisse in bestehenden Grubengebäuden mit Hilfe von Streckenauffahrungen und UT-Bohrungen. Im Zuge der Vorfelderkundung wurde neben einem großen Tiefbohrprogramm, das 1964 wahrscheinlich auslaufen wird, ein ausgedehntes Schürfprogramm durchgeführt. Es wurden drei Untersuchungsschächte niedergebracht sowie eine Reihe flacherer Schürfschächte am Ausgehenden der Mansfelder Mulde abgeteuft und eine großzügige Haldenbemusterung vorgenommen. Zur Klärung fest umrissener Probleme wurden in der Mansfelder und Sangerhäuser Mulde geophysikalische Spezialuntersuchungen durchgeführt.

Im folgenden wird eine kurze Übersicht über die geologischen Erkundungsarbeiten gegeben, deren Planträger die StGK war, wobei die in den Grubengebäuden als geologische Erkundung aufgefahrenen Strecken und durchgeführten UT-Bohrungen hier unberücksichtigt bleiben. Eine nach heutiger Bezeichnung betriebsgeologische Erkundung wurde von der Geologischen Abteilung Eisleben (bis 31.12.1956) wie folgt durchgeführt:

Mansfelder Mulde

Teilgebiet Burgsdorf (nur Bohrungen)
„ Wettin (Bohrungen und Schürfschacht)
„ Friedeburg (wie zuvor)
„ Westrand (Schurfschächte und Haldenbemusterung)

Sangerhäuser Mulde

Teilgebiet Steinthalleben (nur Schürfe)
„ Sangerhäuser Südmulde (Bohrungen)
„ Udersleben (Bohrungen und Schürfschächte)

Von der StGK wurden geologische Untersuchungsarbeiten in folgenden Objekten durchgeführt (vgl. auch Abb.):

Erkundung durch Bohrungen

1. Luisenthal (1950—1951), 2. Badra (1952—1953), 3. Gera (1953), 4. Kupfersuhl (1953—1954), 5. Nordhausen (1954), 6. Bösenrode—Uftrungen (1953—1954), 7. Scheuder (1951—1954), 8. Edderitz (1951—1957), 9. Alvensleben (1957—1958), 10. Schönebeck (1958—1959), 11. Belleben (1958 und 1960), 12. UT Schierstedt (1955—1957), 13. UT Friedenshall (1957—1958), 14. Spremberg, Kartierung (1954 bis 1958), Erkundung (1958—1963), 15. Südbrandenburg, Tiefenkartierung Kupferschiefer (1953—1956)[2]), 16. Aderstedt (1960—1963), 17. Aschersleben—Bernburg—Calbe (1962—1964), 18. Subherzynes Becken (1964—1965).

Erkundung durch bergmännische Arbeiten

I — Schürfe Emden (1957), II — Schürfe Piesdorf (1958), III — Schürfe Uftrungen (1955).

[1]) Eingang des Manuskripts in der Redaktion: 2. 7. 1964

[2]) Die Arbeiten wurden 1956 vom Fachgebiet Kartierung übernommen und 1963 abgeschlossen.

Untersuchungsverfahren

Es sollen nur einige der wichtigsten Arbeitsmethoden aufgezählt werden, die z. T. vom Mineralgebiet Kupfer aus in die Bearbeitung anderer Mineralgebiete übernommen worden sind.

Seit 1954 wurde der Komplexerkundung, die jetzt einen nicht mehr wegzudenkenden Bestandteil unserer Arbeit bildet, besondere Aufmerksamkeit geschenkt. Aus Bohrungen der Kartierung, der speziellen Lagerstättenerkundung sowie der Erdöl-Erdgaserkundung sind zahlreiche Kupferschieferflözkerne gewonnen worden. Sie haben unsere regionale Kenntnis wesentlich bereichert und in Einzelfällen (Objekt Aderstedt) sogar besondere Untersuchungsarbeiten ausgelöst.

Für die Beschreibung des Kupferschieferflözkernes im ungeschnittenen und geschnittenen Zustand, für seine Lagengliederung und für seine einwandfreie Dokumentation wurde ein Arbeitsverfahren entwickelt (Dette 1954), das von allen im Kupferschiefer tätigen Geologen angewendet und in den letzten Jahren verbessert und verfeinert wurde.

In allen Lagenproben wurden die Spurenmetalle Co, Ni, Ag, V, Mo spektrochemisch und die Hauptmetalle Cu, Pb, Zn röntgenspektrometrisch bestimmt. Alle Cu-Werte ab 0,5% und alle Pb-Zn-Werte ab 1,0% sind naßchemisch untersucht worden. An ausgewählten Flözkernen wurden außerdem Dichtebestimmungen und Gesteinsanalysen der Flözlagen zur Ermittlung der Schlackenkennziffer durchgeführt. Auf diese Weise haben seit gut 10 Jahren alle Kupferschieferanalysen eine einheitliche Form, die größere Vergleiche wesentlich erleichtert. So ist in gewisser Weise schon damals ein Fachstandard entwickelt worden.

Im Fachgebiet Kupfer wurde das Projekt für die Untersuchungsarbeiten im Raum Spremberg (Dette 1958) als das erste Projekt in der StGK zusammengestellt, nach dem auch eine Objekterkundung durchgeführt wurde.

Bei der Auswertung der Erkundungsergebnisse wurde im Objekt Schönebeck die Metallfazies des Flözhorizontes im Cu—Pb—Zn-Dreieckdiagramm gezeich-

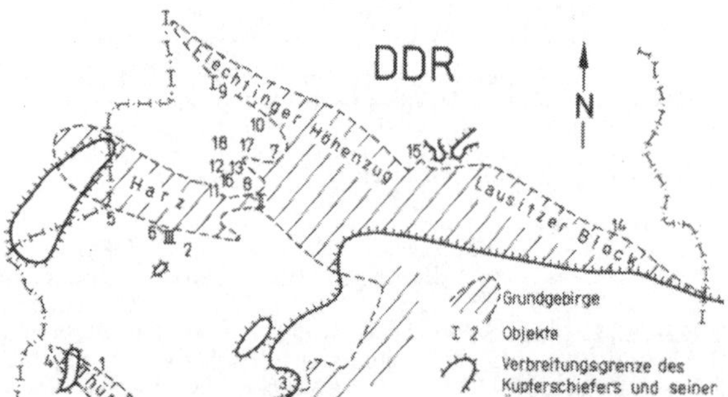

Lageskizze der Erkundungsobjekte 1950—1964 der ehem. StGK auf Kupferschiefer

a — Grundgebirge, b — Verbreitungsgrenze des Kupferschiefers und seiner Äquivalente; Bohrungen: 1 — Luisenthal, 2 — Badra, 3 — Gera, 4 — Kupfersuhl, 5 — Nordhausen, 6 — Bösenrode—Uftrungen, 7 — Schender, 8 — Edderitz, 9 — Alvensleben, 10 — Schönebeck, 11 — Belleben, 12 — UT Schierstedt, 13 — UT Friedenshall, 14 — Spremberg, 15 — Südbrandenburg, 16 — Aderstedt, 17 — Aschersleben—Bernburg—Calbe, 18 — Subherzynes Becken; Schürfe: I — Emden, II — Piesdorf, III — Uftrungen

net (Mertke 1960). Diese Methode hat sich als besonders klare Darstellung gut bewährt und wird jetzt allgemein benutzt.

Die erzmikroskopische Untersuchung der Kupferschieferflözkerne konnte nach dem anfallenden Material zunächst nur von Einzelbohrungen ausgehen und erst in den letzten Jahren größere Untersuchungsvorhaben geschlossen bearbeiten. Hierbei sind die unmittelbaren Zusammenhänge (vgl. unten) in der Verteilung von sapropelitischer und Rotfäulefazies sowie ihre Beziehungen zur Erzmineralparagenese im Raum Spremberg—Weißwasser (Rentzsch & Planert 1963) herausgestellt worden. Die Abschlußphase des Objekts Spremberg bestätigte die Richtigkeit der als Erkundungskriterien betrachteten Schlußfolgerungen. Von acht niedergebrachten Bohrungen trafen sechs die Kupferfazies an, zwei standen in Zink-Blei-Fazies.

Die umfassende regionale Auswertung des gesamten im Bereich der VVB Feste Minerale vorliegenden Materials mündet in die Prognose auf Kupferschiefer im Südteil der DDR ein, von der bisher die Teilgebiete Südbrandenburg und Scholle von Calvörde bearbeitet sind (Rentzsch & Ludwig 1964). Der Gesamtabschluß der Arbeiten wird Mitte 1965 erfolgen.

Ergebnisse der Untersuchungsarbeiten

a) Zur Paläogeographie des unteren Teils der Werra-Serie

Ausgangspunkt für alle weiteren Untersuchungen bildeten die von G. Richter in seinen Arbeiten niedergelegten Vorstellungen über die paläogeographische Entwicklung des Z1 (Werra-Serie) in Mitteleuropa.

Erste neuere Ergebnisse brachte die Auswertung der Arbeiten vom Raum Edderitz (Steinbrecher 1959a), in denen die paläogeographische Entwicklung des Rotliegenden und der Werra-Serie dargestellt wurde. Ausbildung und Entwicklung der Eislebener Schichten im Ostteil des Subherzynen Beckens konnten mit den Untersuchungsarbeiten zwischen Aschersleben und Bernburg (Objekte Nr. 12, 13, 16, 17) weiterverfolgt werden.

Die regionale Paläogeographie des Zechsteins östlich der Elbe ist in den Objekten Südbrandenburg (R. Erzberger, F. Kölbel & I. Rusitzka 1963) und Spremberg (R. Franz & D. Rusitzka 1963) bis in die Oberlausitz untersucht worden. Wichtige Beiträge zu diesen Erkenntnissen lieferte auch die Erdöl-Erdgaserkundung in diesem Raum. Die Werra-Serie liegt fast allgemein als Flachwasserfazies vor. Ufernähe und Schwellenregionen zeichnen sich im lithologischen Bild ab.

b) Zur Petrographie des Flözhorizonts

Bei der Bearbeitung von Kupferschieferprofilen außerhalb des Bergbaugebietes der Mansfelder und Sangerhäuser Mulde (z. B. Richelsdorf) hatte es sich bereits früher herausgestellt, daß sich die Mansfelder Gliederung des Kupferschiefers in Feine Lette, Grobe Lette, Kammschale, Schieferkopf und Schwarze Berge nicht auf die dortigen Verhältnisse übertragen ließ. Das gleiche war bei allen neuen Untersuchungsarbeiten der Fall. Dies führte dazu, daß Bemühungen einsetzten, eine Lagengliederung des Kupferschiefers auf Grund makro- und mikropetrographischer Untersuchungen durchzuführen. Diese Arbeiten erfolgten durch Mertke;

Siegert, Tzschorn & Winkler (1963), Luge (1963 und 1964), Meyer (1963) sowie Rentzsch & Ludwig (1964 II) für den Kupferschiefer des Subherzynen Beckens, von Spremberg—Weißwasser und von der Scholle von Calvörde. Geochemische Untersuchungen bestätigten diese neuen Flözlagengliederungen (Rentzsch & Langer 1963, Kaemmel 1964, Rentzsch & Ludwig 1964 II). Sämtliche Gliederungen sind miteinander vergleichbar, da der Kupferschiefer, von extrem randnahen Verhältnissen abgesehen, immer in drei Kleinzyklen abgelagert wurde.

c) Zur regionalen Metallverteilung

Stand und Ausgangspunkt waren die von Kautzsch in seinen Veröffentlichungen 1942 bis 1958 gegebenen Darstellungen. Die Auswertungsarbeiten sind in den laufenden und abgeschlossenen Objekten noch stark im Fluß. Hinweise auf neue Einzelheiten sind gegeben von Steinbrecher (1959b), Franz (1961), Mertke (1960) und Luge (1962), Erzberger (1963), Dietrich (1963), Rentzsch & Ludwig (1964). Eine im Rahmen der „Arbeitsgemeinschaft Kupferschiefer" zusammengestellte Karte der Metallverteilung im Maßstab 1 : 500000 legte Dette (1962) vor.

In Abhängigkeit von der paläogeographischen Lage konnten bis heute weitere Gebiete mit Kupferfazies im Flözhorizont nachgewiesen werden. Sie liegen im Subherzynen Becken, im Westteil des Thüringer Beckens, in Südbrandenburg und in der Lausitz.

d) Zur Erzmineralverteilung im Flözhorizont

Das Material der hier erwähnten Erkundungsarbeiten wurde erzmikroskopisch durch Schüller (1955, 1958, 1959), Knauer (1958—1960), Kaemmel (1962, 1964), Langer (1963) und Rentzsch (1964) untersucht. Die Bearbeitung ist noch nicht abgeschlossen. Kupfermineralverteilungskarten sind für den Flözhorizont von Spremberg—Weißwasser (Planert & Rentzsch 1963), von Südbrandenburg (Rentzsch & Ludwig 1964 I), vom Raum Bernburg—Aderstedt (Kaemmel 1964) und von der Scholle von Calvörde (Rentzsch & Ludwig 1964 II) vorgelegt worden. Die Gesetzmäßigkeiten der Kupfermineralverteilung im Kupferschiefer konnten weitgehend geklärt werden (Rentzsch & Langer 1963, Kaemmel 1964 und Rentzsch 1964). Die Auswertung der erzmikroskopischen Untersuchungen unter physikalisch-chemischen Gesichtspunkten führte zu klaren Vorstellungen über die Bildungsbedingungen der wirtschaftlich bedeutenden Kupferfazies des Kupferschiefers (Rentzsch 1964). Unter anderem konnte die Feststellung von Knitzschke (1961) vollauf bestätigt werden, daß der Chalkopyrit das primäre Kupfermineral des kupferarmen Zink-Blei-Schiefers darstellt.

e) Weiterführung der Arbeiten

Speziell auf Kupferschiefer ausgerichtete Untersuchungsarbeiten sind nur noch in recht geringem Umfange in den Perspektivplan der VVB Feste Minerale aufgenommen. Sie sind lediglich im Ostteil des Subherzynen Beckens vorgesehen. Ihre Durchführung hängt jedoch von den Ergebnissen der gegenwärtig laufenden Untersuchungsarbeiten ab. Weiteres Kernmaterial wird danach nur noch aus Bohrungen der Komplexerkundung anfallen, deren Bedeutung dadurch in Zukunft wesentlich steigt.

Das vorliegende Tatsachenmaterial wird weiter ausgewertet. Dabei ist als Abschluß vorgesehen, alle Ergebnisse zu einer Monographie in regionalem Rahmen zusammenzufassen.

Zusammenfassung

Es wird ein kurzer Überblick über die im Bereich der ehemaligen Staatlichen Geologischen Kommission durchgeführten Erkundungsarbeiten auf Kupferschiefer und auf deren bis jetzt vorliegende Ergebnisse gegeben.

Резюме

Дается краткий обзор о проведенных в сфере бывшей Государственной Геологической Комиссии разведочных работах на медистый сланец и о полученных до сих пор результатах.

Summary

Exploratory works for copper slate carried out within the reach of the former Staatliche Geologische Kommission are briefly reviewed and results hitherto obtained are given.

Literatur

Veröffentlichungen

Dette, K.: Der Kupferschieferflözkern. — Z. angew. Geol., 2, H. 5/6, S. 252 bis 257, Berlin 1956.
Franz, R., & D. Rusitzka: Geologische Ergebnisse der Erkundungsarbeiten auf Kupferschiefer im Raum Spremberg—Weißwasser. — Z. angew. Geol., 9, H. 4, S. 169—176, Berlin 1963.
Knitzschke, G.: Vererzung, Hauptmetalle und Spurenelemente des Kupferschiefers in der Sangerhäuser und Mansfelder Mulde. — Z. angew. Geol., 7, S. 349—356, Berlin 1961.
Langer, M.: Über die erzmikroskopischen Untersuchungen des Kupferschiefers und seines unmittelbaren Liegenden im Raum Spremberg—Weißwasser. — Z. angew. Geol., 9, H. 9, S. 449—452, Berlin 1963.
Rentzsch, I.: Der Kenntnisstand über die Metall- und Erzmineralverteilung im Kupferschiefer. — Z. ang. Geol., 10, H. 6, S. 281—287, Berlin 1964.
Rentzsch, I., & M. Langer: Fazielle Probleme des Kupferschiefers von Spremberg-Weißwasser. — Z. angew. Geol., 9, H. 10, S. 507—513, Berlin 1963.
Schüller, A.: Mikroskopische Untersuchungen und geologische Deutung der Kupferschieferbohrungen Spremberg 13 E 3/57 und 3/54. — Geologie, 7, H. 3—6, S. 651—660, Berlin 1958.
— Metallisation und Genese des Kupferschiefers von Mansfeld. — Abh. Deutsch. Akad. Wiss. Berlin, Kl. Chemie, Geol., Biol., Nr. 6, Berlin 1959.
Siegert, C., G. Tzschorn & G. Winkler: Die feinstratigraphische Gliederung des Kupferschiefers im Raum Spremberg—Weißwasser. — Z. angew. Geol., 9, H. 9, S. 452—455, Berlin 1963.
Steinbrecher, B.: Die Sedimentation im Bereich des östlichen Harzvorlandes während des Zechsteins 1 und 2. — Z. angew. Geol., 5, H. 9, S. 381 bis 385, Berlin 1959 (1959a).
— Die petro- und erzfazielle Differenzierung der Kupferschieferzone in der Edderitzer Mulde. — Z. angew. Geol., 5, S. 201—204, Berlin 1959 (1959b).

Berichte

(Im Archiv des Zentralen Geologischen Instituts, Berlin)

Dette, K.: Projekt für die geologischen Erkundungsarbeiten auf Kupferschiefer im Raum Spremberg. — Berlin 1958.
Dietrich, M.: Komplexerkundung Kupferschiefer Thüringen. — Jena 1963.
Erzberger, R., F. Kölbel & I. Rusitzka: Ergebnisbericht Südbrandenburg und angrenzende Gebiete. — Berlin 1963.
Franz, R.: Ergebnisbericht Kupferschiefererkundung Spremberg—Weißwasser. — Weißwasser 1961.
Kaemmel, T.: Petrographische Bearbeitung des Kupferschiefers der Bohrungen Aderstedt 3—8. — Berlin 1962.
— Petrographisch-geochemische Untersuchungen des Kupferschiefers im Aderstedter Raum. — Berlin 1964.
Kölbel, H.: Inventur der Metallschiefer der DDR. — Berlin 1951.
Knauer, E.: Berichte über erzmikroskopische Untersuchungen an Kupferschieferprofilen aus dem Raum Spremberg—Weißwasser, Südbrandenburg, dem Subherzynen Becken und dem Werragebiet. — Berlin 1958 bis 1960.
Luge, I.: Projekt Sucharbeiten auf Kupferschiefer im Raum Aschersleben—Bernburg—Calbe. — Halle 1962.
Mertke, M.: Ergebnisbericht Kupferschiefererkundung Alvensleben und Schönebeck. — Halle 1960.
Meyer, E.: Komplexerkundung Kupferschiefer Sachsen-Anhalt. — Halle 1963.
Planert, M., & I. Rentzsch: Fazielle Probleme des Kupferschiefers von Spremberg—Weißwasser. — Berlin 1963.
Rentzsch, I., & H. Ludwig: Kupferschieferprognose DDR — Teil I — Südbrandenburg (1964 I), Teil II — Scholle von Calvörde (1964 II). — Berlin 1964.
Schüller, A.: Mineralogisch-petrographische Untersuchungen der Blei-Zink-Kupferschiefer von Edderitz. — Berlin 1955.

Ankeritbildung im Dogger der Altmarksenke[1]

ANNA LÄCHELT, Berlin

(Vorläufige Mitteilung aus dem Zentralen Geologischen Institut, Berlin)

Bei Untersuchungsarbeiten an Kernmaterial aus sedimentären eisenerzführenden Schichten des Oberen Doggers in der Altmarksenke konnte bei den verschiedensten Gesteinstypen teilweise eine weitgehende Ankeritisierung der kalkhaltigen Sedimente festgestellt werden. Sie tritt neben einer Dolomitisierung und Sideritisierung auf.

Die regionale Verbreitung der ankeritisierten Schichten wie auch ihre vertikale Veränderlichkeit können vorerst noch nicht ausreichend beschrieben werden. Die Untersuchungen konnten nur an verhältnismäßig weit voneinander entfernten Bohrungen, die außerdem einen ungenügenden Kerngewinn aufwiesen, vorgenommen werden. Jedoch ist es wahrscheinlich, daß die Ankeritisierung ein größeres Gebiet umfaßt, da sie in fast allen Bohrungen der Altmarksenke und in NE-Brandenburg festgestellt wurde.

Neben den gewöhnlichen mineralogisch-petrographischen Untersuchungsmethoden, wie der Auswertung von entsprechenden Dünnschliffen, wurden auch spezielle Verfahren der Karbonatuntersuchung angewandt. So wurden sowohl Strukturfärbungen der Ankerite mit Kaliumferrizyanid als auch die Immersionsmethode durchgeführt und schließlich chemische Analysen angefertigt. Dabei wurden zunächst der Fe''-, Fe'''- und CO_2-Gehalt bestimmt und erst dann von typischen Proben Vollanalysen der Karbonate ausgeführt.

Die Anfärbung von polierten Handstücken zeigte eine mehr oder weniger gleichmäßige Verteilung des Ankerits. Stellenweise konnte man allerdings auch eine streifige Textur der ankeritisierten Gesteine beobachten.

Die Ankeritisierung umfaßt verschiedenartige Gesteinskomplexe. Sie ist vor allem in sandigen Mergeln, in sandig-tonigen Kalksteinen, in sandigen Kalksteinen sowie in kalkig-sandigen Tonsteinen und in mergeligen Sandsteinen zu beobachten. Sie tritt meist in tonigen Sedimenten auf. Die Ankerite bilden bei allen diesen Gesteinen stets die „Grundmasse" bzw. bei Sandsteinen den Basalzement.

Bei den 50 untersuchten Proben konnten fünf verschiedene Strukturarten und ihre Beziehungen zueinander festgestellt werden. Die Übergänge von einer Strukturart zur anderen sind allmählich. Es können in einer Probe mehrere nebeneinander auftreten. Folgende Strukturarten bzw. -typen wurden festgestellt:

1. Äußerst unregelmäßig geformte Körner, die von der tonigen Masse durch ihre höhere Licht- und Doppelbrechung gut unterscheidbar sind. Ihre Korngröße schwankt zwischen 5—15 μ. Die gröberen Körner weisen eine nur teilweise gut erkennbare rhomboedrische Form auf. Die Lichtbrechungsuntersuchungen zeigten, daß hier Ankerite mit N_0 1,720 vorliegen, seltener auch N_0 1,698 (Abb. 1).[2]

2. Verhältnismäßig starke Verwachsung mit tonigem Material, wobei die Ankeritkörner aber bei dieser Strukturart etwas größer sind. Einige Körner erreichen hier bereits bis zu 20—30 μ. Fast immer ist die rundliche oder rhomboedrische Form der einzelnen Kristalle deutlich erkennbar (Abb. 2). Die Lichtbrechung der Ankerite schwankt zwischen 1,698—1,720. In beiden strukturellen Abarten (1. und 2.) treten die Ankerite oft gemeinsam mit Sideriten auf. Die Siderite sind durch ihre nach außen gewölbten Außenkanten — sog. gerstenkornartige Struktur — gut von den Ankeritrhomboedern zu unterscheiden.

Bei beiden Strukturarten „schwimmen" die Karbonatkörner in dem tonigen Material. Die außerdem in den Proben vorhandenen organischen Reste haben eine calcitische Zusammensetzung.

3. Bei der dritten Strukturart liegt ebenfalls eine Verwachsung mit tonigem Material vor, aber die Karbonatkörner nehmen sowohl zahlenmäßig als auch der Größe nach zu. Hierbei treten bereits vorwiegend 15—20 μ große Körnchen auf. Weiterhin ist die rhomboedrische Form gut zu erkennen. Die Ankerite kommen hier gemeinsam mit Dolomiten und Calciten vor; Siderite treten stark zurück. Die Lichtbrechung ist niedriger als bei den Typen I und II und

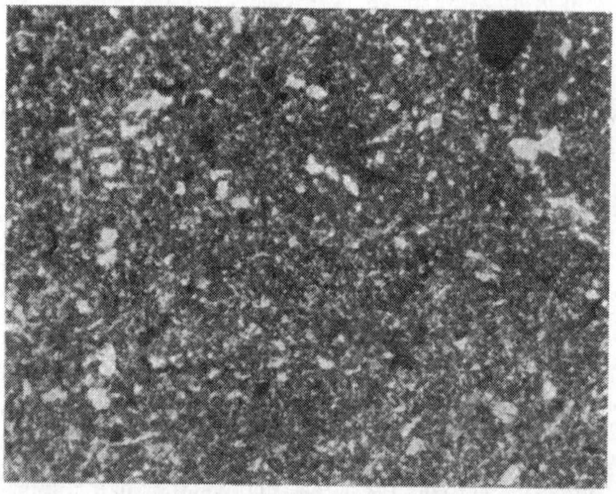

Abb. 1. Ankerite vom Typ I
Besonders zu beachten ist die gleichmäßige Verteilung der Körner und ihre grießartige Struktur (Quarzkörner hell).

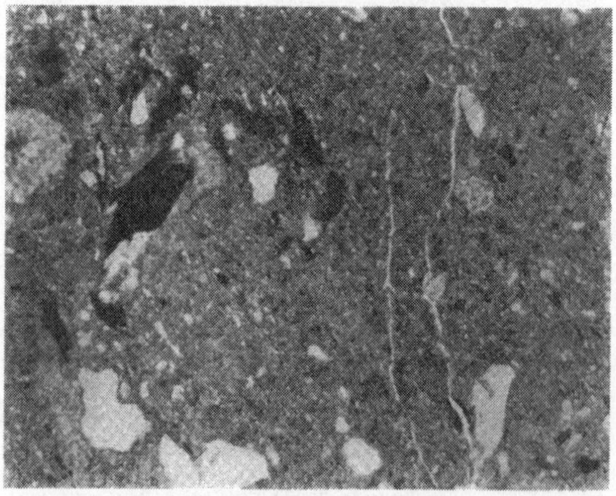

Abb. 2. Ankerite vom Typ II
Sie kommen zusammen mit Sideriten vor, die durch ihre etwas längliche Form und nach außen gewölbten Kanten gut erkennbar sind (Quarzkörner hell).

---

[1]) Eingang des Manuskripts in der Redaktion: 4. 4. 1964
[2]) Sowohl die Abb. 1 als auch die weiteren Abbildungen wurden des besseren Vergleichs wegen mit der gleichen Vergrößerung ausgeführt.

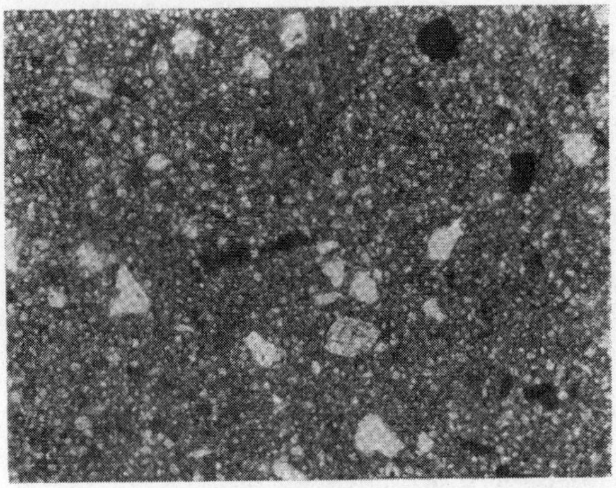

Abb. 3. Ankerite vom Typ IV

Sie bestehen aus gleichmäßigen rhomboedrischen und unregelmäßig rhomboedrischen Kristallen, mosaikartig ausgebildet; an Zwickeln pelitomorph verunreinigt.

schwankt vorwiegend zwischen 1,698 und 1,715, was für Fe-arme Ankerite kennzeichnend ist.

4. Bei der vierten Strukturart handelt es sich um fast gleichmäßig große, rhomboedrische oder rundlich-isometrische Körner mit einer Korngröße von 25–30 μ und max. bis 50 μ (Abb. 3) in pflasterartiger Anordnung. Sie kommen zumeist zusammen mit Dolomiten vor. Vorhandener Calcit ist

a) an organische Reste und

b) an epigenetische Nester und Linsen gebunden.

Die Lichtbrechung der Ankerite reicht vorwiegend von $N_0 = 1{,}697-1{,}700$.

5. Der fünfte strukturelle Typ der Ankerite ist rhomboedrisch grobkristallin ausgebildet und tritt im allgemeinen gemeinsam mit Calcit auf. Die Größe der Ankeritrhomboeder kann bis zu 100 μ erreichen (Abb. 4). Die Lichtbrechung beträgt $N_0 = 1{,}697-1{,}698$.

Generell kann festgestellt werden, daß die Paragenese der angeführten fünf Strukturtypen in den verschiedenen Gesteinsabarten ebenfalls recht unterschiedlich ist und oftmals schon innerhalb eines Schliffs wechselt (Abb. 5).

Eine Besonderheit aller angeführten Ankerittypen besteht darin, daß die Ankeritkörnchen gleichmäßig im Gestein verteilt sind, was besonders auffällig bei den Typen I und IV in Erscheinung tritt (Abb. 1 und 3).

Deutlich erkennbar ist auch, daß je gröber die Ankerite werden, desto vollkommener ihre Kristallform wird, wobei sich die pelitomorphe Verunreinigung mehr und mehr auf die Zwickel beschränkt.

Weiterhin ist zu beobachten, daß sich die Ankerite und Dolomite gegenüber dem Quarz und dem Hydrogoethit-Detritus aggressiv verhalten, besonders die grobkörnigen Abarten. Sie „zerfressen" die Hydrogoethitooide teilweise, so daß nur eine Schale der Ooide erhalten bleibt (Abb. 4).

Wie schon aus der weiter oben gegebenen Beschreibung ersichtlich ist, schwankt die Lichtbrechung der Ankerite etwa in den Bereichen von 1,697–1,720. Diese Tatsache stimmt auch gut mit den Ergebnissen der chemischen Analysen überein. Danach liegt eine isomorphe Reihe von eisenarmen bis zu eisenreichen Ankeriten vor. Die Fe''-Gehalte der untersuchten Gesteinsproben, die fast ausschließlich auf die Ankeritgehalte zurückzuführen sind, schwanken zwischen 3,0% und 7,0%.

Die Zusammensetzung der Ankerite zeigte in vier Vollanalysen der Typen II bis IV analoge Verhältnisse und betrug: $FeCO_3 = 29{,}1\%$; $MgCO_3 = 20{,}9\%$; $CaCO_3 = 50{,}0\%$, $MgO = 10\%$, $FeO = 18\%$, d. h. $Mg : Fe = 1 : 1$. Natürlich handelt es sich hierbei wie bei jeder chemischen Analyse nur um Mittelwerte nach vorausberechneten Molekülverhältnissen. (Die Ankerite wurden auf 100% umgerechnet.) Das Verhältnis $Mg : Fe$ ändert sich bei einem etwa gleichbleibenden CaCO-Gehalt um 50% von den Fe-armen Ankeriten ($N_0 = 1{,}698-1{,}700$) bis zu den Fe-reichen Ankeriten ($N_0 = 1{,}715-1{,}720$) selbstverständlich ständig.

Nach Timofejewa (1959) kommen die Fe-reichen Ankerite in $FeCO_3$-reichen Sedimenten vor, während die Fe-armen Ankerite an $MgCO_3$-reiche Sedimente gebunden sind. Diese möglicherweise gesetzmäßige Verteilung konnte auch in der Altmarksenke festgestellt werden. Hier treten die eisenreichen Ankerite gemeinsam mit Sideriten auf; die eisenarmen sind an Dolomite gebunden.

Über die Ankeritbildung ist noch sehr wenig bekannt. In der sowjetischen Literatur ist die nahezu einheitliche

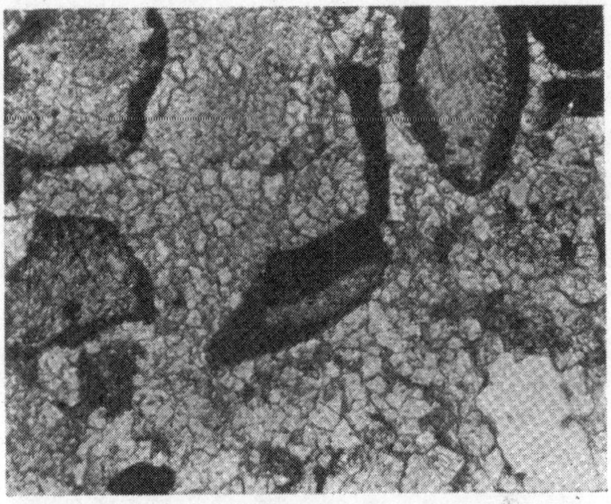

Abb. 4. Ankerite vom Typ V

Rhomboedrische und unregelmäßig rhomboedrische pflasterartige Struktur. Die Ankerite „verdrängen" den Hydrogoethit, so daß nur der Außenrand als Relikt erhalten bleibt.

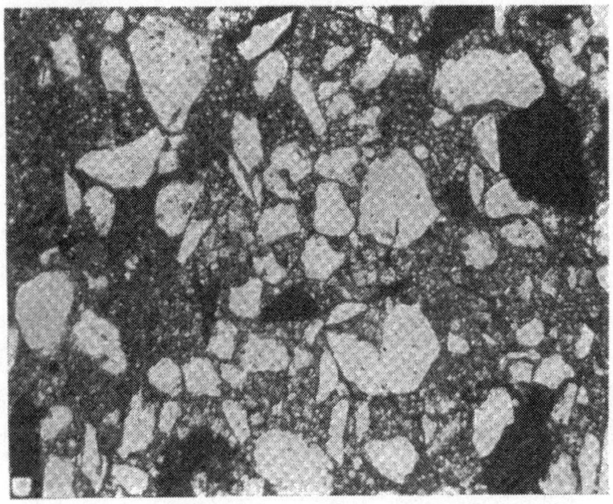

Abb. 5. Gemeinsames Auftreten der Ankerittypen II und IV

Auffassung vertreten, daß die Ankerite diagenetischer Entstehung sind. So sind nach MAKEDONOW & SWETKOW (1957), die die Ankerite im Workuta-Kohlenbecken untersucht haben, diese frühdiagenetischer Entstehung. Jedoch sind die Bildungsbedingungen der Ankerite sehr kompliziert. Nach diesen Autoren sind sie charakteristisch für eine „ausgesüßte", äußerst flache Lagune oder bildeten sich in randnaher Fazies eines Meeres während der verschiedenen Stadien der Aussüßung. Die Ankeritbildung erfolgt in den oberen Sedimentschichten, die noch reich an organischer Substanz sind. Auch nach FROLOW (1958) ist für die Ankerite eine fazielle Gebundenheit typisch. Sie sind seiner Meinung nach am verbreitetsten im Übergangsbereich von mariner zu kontinentaler Fazies, d. h. im Ablagerungsbereich von Deltas, Lagunen, Buchten u. ä. Dabei sollen die Ankerite und Dolomite an Sandsteine und die Siderite an tonige Sedimente gebunden sein.

Nach TIMOFEJEWA (1959) bildeten sich die ankeritisch-dolomitischen Gesteine, die teilweise reich an Mg sind, aber auch arm an Mg sein können, in der küstennahen Flachmeerfazies. Dabei sind die detritusreichen Ankeritgesteine an ein normales oder annähernd normal salziges Milieu gebunden. Die tonigen, etwas Mg-reicheren Abarten der Ankeritgesteine sind kennzeichnend für einen lagunären Bereich mit einem etwas anomalen Gasregime.

Die erhöhten Fe-Gehalte der Ankerite sind sowohl ein Ergebnis der diagenetischen Neuverteilung innerhalb der ankeritisch-karbonatischen Schichten als auch der Zufuhr von Fe aus den Nebengesteinen. Nach TEODOROWITSCH (1958) sind Ankerite in Konkretionen oder auch in feinverteilter Form Hinweise für erdölführende Gesteine oder für Erdölmuttergesteine.

Alle Ankerite bilden aber nur eine Art von Konkretionen. In den klastischen Sedimenten, z. B. in den Sandsteinen, verlieren sie nach STRACHOW (1962) ihre ausgesprochen konkretionäre Form, und das Gestein erhält dann das Aussehen eines Sandsteins mit ankeritischem Bindemittel. Dieses ist porenfüllend oder basalisch und wird oftmals irrtümlich noch als primäre Bildung angesprochen und beschrieben. Die Ankerite können aber auch eine „brotlaib"-, „fladen"-, „kugel"- und „stock"artige Form annehmen. Ankerite der letzten Form sind mehrere cm bis zu 0,5—2 m lang und einige davon bis 10 cm mächtig. Nach STRACHOW erfolgte die Migration und Umgruppierung der Karbonate in den Sedimenten ebenfalls diagenetisch. Besonderen Einfluß übt hierbei das CO_2 aus, welches sich beim Zerfall von organischen Resten bildet, also wiederum vom $C_{org.}$-Gehalt abhängig ist. Die Zusammensetzung der Karbonate wird hauptsächlich durch die Zusammensetzung des in den Sedimenten enthaltenen Karbonatmaterials bestimmt. Die Gestalt der Konkretionen dagegen hängt von den physikalisch-mechanischen Eigenschaften der Gesteine ab, in denen sie auftreten.

Über eine etwaige konkretionäre Form der Ankerite der Altmarksenke können vorerst noch keine Aussagen gemacht werden. Die untersuchten Ankerite stammen aus Bohrkernen, die einen nur ungenügenden Kerngewinn aufweisen. Bei den untersuchten Proben konnten jedoch keine Anzeichen von konkretionären Formen bemerkt werden. In diese Richtung müßte bei den weiteren Untersuchungen im Norden der DDR die Aufmerksamkeit gelenkt werden, da die Ankerite oder anderen Karbonatbildungen Hinweis auf die Faziesverteilung geben können und diese wiederum für eine wissenschaftlich begründete Suche nach sedimentären mineralischen Rohstoffen und Erdöl von Bedeutung ist.

Literatur

FROLOW, W. T.: Fazielle Bildungsbedingungen von Karbonatkonkretionen im mittleren und oberen Teil der unterjurassischen Ablagerungen Dagestans. — Vorträge der Akad. Wiss. UdSSR, B. 122, W 6 (1958).
MAKEDONOW, A. W., & A. J. SWETKOW: Ankerit im Workuta-Kohlenbecken. — Beitr. mineralog. Ges. UdSSR, II. Ser., Teil 86 (1957).
STRACHOW, N. M.: Grundlagen der Lithogenese. — Moskau 1962.
TEODOROWITSCH, G. I.: Autigene Mineralien der Sedimentgesteine. — Moskau 1958.
TIMOFEJEWA, S. W.: Zur Frage der Diagenese der Karbonatgesteine des Donezbeckens. — Aus Sammelbd.: Zur Diagenese der Sedimente, Moskau 1959.

Zur Methode des Wägens bei der Berechnung des Durchschnittsgehaltes[1)]

WOLFGANG GOTTE, Freiberg (Sa.)

(Mitteilung Nr. 162 aus dem VEB Geologische Erkundung Süd, Freiberg, Sa.)

In der deutschsprachigen Fachliteratur wurde durch F. STAMMBERGER (1958) die Diskussion über den besten Mittelwert für geologische Erkundungsdaten begonnen. Verfasser äußerte sich zu diesem Thema in einem gleichbetitelten Beitrag (GOTTE 1959), der teilweise Gegenstand einer Kritik von F. STAMMBERGER (1963) war. Die von GOTTE publizierten, von STAMMBERGER (1963, Abb. 4) wiedergegebenen schematischen Beispiele 1 bis 5 für funktionale Beziehungen zwischen Gehalt und Mächtigkeit, bei denen das gewogene arithmetische Mittel zur Berechnung des Durchschnittsgehaltes Verwendung finden muß, sind bisher allgemein anerkannt worden. Die von STAMMBERGER als überflüssig bezeichneten Beispiele 1 und 5 wurden — vgl. Fußnote Nr. 2 bei GOTTE — nur angeführt, um die behandelten Fragen so anschaulich wie nur möglich zu erläutern.

In der Natur sind allerdings derartige „mathematisch exakte" Lagerstätten praktisch bedeutungslos. Trotzdem ist der Verfasser davon überzeugt, daß das gewogene Mittel in diesen Fällen einen dem wahren Gehalt des betreffenden Lagerstättenteiles am nächsten liegenden Wert ergibt. A. A. PETROW (1963) ist allerdings grundsätzlich anderer Meinung, indem er die Methode des Wägens völlig ablehnt, da sie angeblich „oft sogar die Genauigkeit verringert". Seine zur Beweisführung herangezogenen Diagramme (PETROW 1963, Abb. 1—3) enthalten jedoch einige Fehler. Die mathematischen Unzulänglichkeiten der Darlegungen von PETROW sollen in diesem Beitrag nicht berücksichtigt werden, da hierzu bereits kritische Bemerkungen von H. QUELLMALZ (1963) vorliegen. In den folgenden Ausführungen wird vorwiegend der geologische Teil des von PETROW behandelten Problems diskutiert.

Bevor auf solche Beispiele eingegangen wird, bei denen funktionale Abhängigkeiten zwischen Gehalt und Mächtig-

1) Eingang des Manuskripts in der Redaktion: 23. 4. 1964.

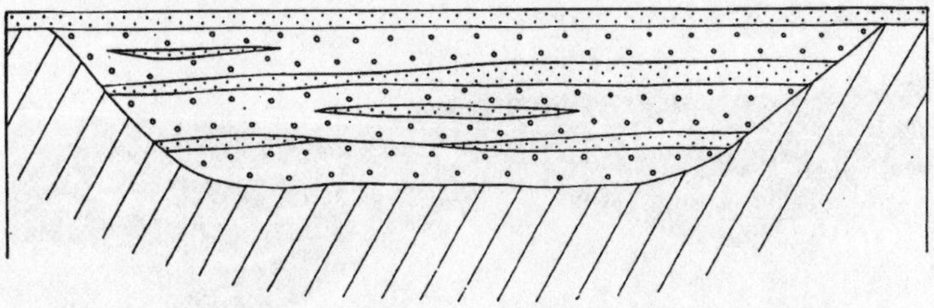

Abb. 1. Schematischer Querschnitt durch eine mit fluviatilen Kiessanden ausgefüllte Erosionsrinne (z. B. pleistozäner, in das Tertiär eingeschnittener Flußlauf)

keit im Vordergrund stehen, soll noch zu dem von STAMMBERGER (1963) kritisierten Beispiel aus der Veröffentlichung des Verfassers (1959, Abb. 6), das die scheinbar chaotische Verteilung von Gehalt und Mächtigkeit in einer Blei-Zink-Ganglagerstätte darstellt, Stellung genommen werden. Spätere Untersuchungen der Gesetzmäßigkeiten dieser Lagerstätte haben zu der Erkenntnis geführt, daß zwischen Gehalt und Mächtigkeit zwar keine funktionalen, jedoch korrelative Beziehungen bestehen, indem die Besetzung der vier möglichen Extremwerte (vgl. GOTTE 1959) ungleichmäßig ist. In allen untersuchten Fällen herrscht der Extremwert „niedriger Gehalt bei geringer Mächtigkeit" (bezogen auf die Mittelwerte der Gehalte und die der Mächtigkeit der analysierten Proben) bei weitem vor. Da der Nachweis korrelativer Beziehungen anfangs fehlte, besaß die von STAMMBERGER an der Anwendung des gewogenen Mittels geübte Kritik zu einem gewissen Grade Berechtigung.

Verfasser hat bereits damals (1959, S. 172) hervorgehoben, daß sowohl das gewöhnliche wie auch das gewogene arithmetische Mittel auf Grund des Stichprobencharakters der Probenahme beim Fehlen funktionaler Beziehungen zwischen Gehalt und Mächtigkeit nicht den wahren Gehalt des bemusterten Lagerstättenteiles widerspiegeln. Das gewogene Mittel entspricht aber in jedem Falle dem wahren Gehalt der entnommenen Probe (GOTTE 1959, S. 175). Ebenso wie die größtmögliche Genauigkeit bei der chemischen Analyse der zur Repräsentation eines Lagerstättenteiles genommenen Stichprobe gefordert werden muß, ist auch bei der Auswertung der Ergebnisse der Weg einzuschlagen, der den tatsächlichen Gehalt der Probe ergibt. Folglich ist der Durchschnittsgehalt auch bei Lagerstätten mit chaotischer Verteilung — zumindest wenn Gehalt und Mächtigkeit eine große Variationsbreite aufweisen — als gewogenes arithmetisches Mittel zu bestimmen. Das ist besonders dann wichtig, wenn — wie es teilweise üblich ist — vor der chemischen Analyse das gesamte Probenmaterial von mehreren Entnahmestellen (z. B. drei Schlitzen) zu einer Gruppenprobe vereinigt wird; denn das ergibt ein gewogenes Mittel.[1])

Ein exakter praktischer Beweis dafür, welches Mittel das „beste" ist, kann eigentlich nur durch einen Vergleich zwischen den durch die Bemusterung erhaltenen und den durch gesonderte Gewinnung, Zerkleinerung, Verjüngung und Analyse des betreffenden Lagerstättenteiles ermittelten Werten erbracht werden. Derartige Versuche stoßen aber stets auf große betriebsbedingte Schwierigkeiten. Deshalb wurde bereits vor einigen Jahren im Zusammenhang mit der 1958/1959 geführten Diskussion über den „besten" Mittelwert die Brauchbarkeit von Modellversuchen erörtert.[2]) Sie kamen jedoch durch verschiedene Umstände nicht zur Durchführung. Erst der Aufsatz von PETROW war Veranlassung, sich dieser Vorhaben wieder zu erinnern. Die ersten Versuche bestätigen die Brauchbarkeit und vor allem die hohe Anschaulichkeit dieser zur Klärung einer ganzen Reihe problematischer Fragen der Bemusterung geeigneten Methode.[3])

Das Wesentliche der Kritik an den Darlegungen von PETROW ist, daß seine Beispiele zum Teil geologisch unwahrscheinlich und zum Teil logisch (und das heißt auch mathematisch) falsch sind. Die Grundlage für alle derartigen Betrachtungen muß stets die Lagerstätte bilden. Alle Gesetzmäßigkeiten müssen aus den Ergebnissen der Erkundung abgeleitet sein. Sie dürfen nicht durch schematische Übertragungen von Erkenntnissen anderer Zweige der Naturwissenschaften und der Technik in die Lagerstätte hineinprojiziert werden.

Betrachten wir daher zunächst die in Tab. 2 bei PETROW angeführte Kiessandlagerstätte. Sie besteht vermutlich aus einer Wechsellagerung feiner und gröberer Partien, wie sie z. B. in Flußschottern vorkommen (Abb. 1). Die durch die Form der ausgefüllten Rinne bedingte unterschiedliche Mächtigkeit der Lagerstätte besitzt keinen Einfluß auf die in Abb. 1 schematisch dargestellten, die Verwendungsfähigkeit des Rohstoffes bestimmenden Schichten (Kieslagen), da die durch das Ansteigen des Untergrundes bedingte Mächtigkeitsabnahme in mehr oder weniger gleichem Maße zu einer Reduzierung der die Verwendbarkeit des Rohstoffes positiv und negativ beeinflussenden Lagen führt. Es besteht also keine Beziehung zwischen Mächtigkeit und Gehalt. Das gewöhnliche arithmetische Mittel liefert folglich ohne Zweifel einen dem wahren Gehalt der Lagerstätte weitgehend entsprechenden Wert.

Andere geologische Verhältnisse liegen bei der von PETROW in Tab. 5 angeführten Lagerstätte gleicher Rohstoffe vor, wo eine Beziehung zwischen Gehalt und Mächtigkeit erkennbar ist. Möglicherweise handelt es

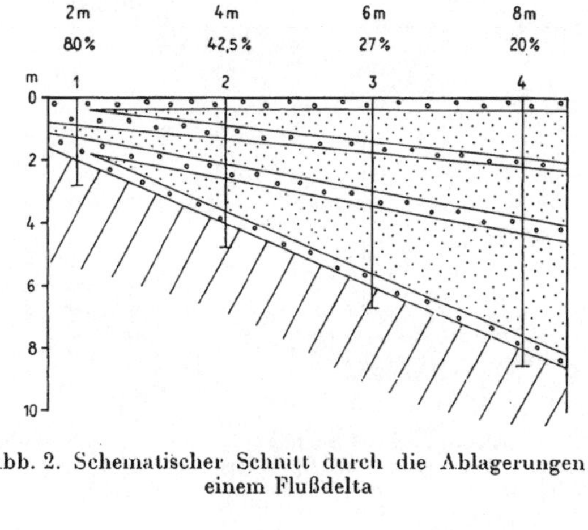

Abb. 2. Schematischer Schnitt durch die Ablagerungen in einem Flußdelta

[1]) Zur Erreichung des gewöhnlichen arithmetischen Mittels müßte eine solche Gruppenprobe durch Mischen gleicher Substanzmengen von jeder Probe — unabhängig von der entsprechend der Mächtigkeit an den einzelnen Punkten angefallenen unterschiedlichen Masse — zusammengestellt werden.

[2]) Meinen früheren Mitarbeitern in der Objektgruppe Brand der Staatlichen Geologischen Kommission, besonders aber Dipl.-Ing. G. Richter und Geol.-Ing. R. Seifert, danke ich für zahlreiche wertvolle Anregungen.

[3]) Eine Schilderung der technischen Durchführung der Modellversuche sowie die ausführliche Diskussion weiterer Ergebnisse bleiben einer späteren Veröffentlichung vorbehalten.

sich hier um Sedimente, in denen auf relativ kurze Entfernung vom Liefergebiet der Anteil grober Fraktionen infolge nachlassender Transportenergie abnimmt, wie es z. B. bei Deltaschüttungen der Fall sein kann (Abb. 2). Hier ist bei zunehmender Mächtigkeit eine Abnahme des Anteils der die Eignung der Lagerstätte bestimmenden groben Bestandteile (= Gehalt an nutzbaren Komponenten) festzustellen. Es muß das gewogene Mittel zur Berechnung des Durchschnittsgehaltes herangezogen werden. Um das ganz deutlich darzulegen, soll ein vielleicht überflüssiges Beispiel (Abb. 3) zum Vergleich herangezogen werden. Hier liegen in den die gedachte Berechnungsfläche begrenzenden Bohrungen 1 und 4 die gleichen Gehalte vor wie bei der in Abb. 2 dargestellten Lagerstätte, und es ist auch die von der Oberfläche, dem Liegenden und den Bohrlöchern 1 und 4 umgrenzte Fläche von gleicher Größe wie in Abb. 2. Wird angenommen, daß die in Abb. 2 und in Abb. 3 schematisch dargestellten Lagerstätten zwecks gleichbleibender Zusammensetzung des Fördergutes in parallel zur Darstellungsebene verlaufenden, die gesamte Mächtigkeit erfassenden Schnitten gewonnen werden, so ist auch ohne mathematische Behandlung des Problems die Notwendigkeit der Anwendung des gewogenen Mittels zur Bestimmung des Durchschnittsgehaltes bei dem in Abb. 2 dargestellten Lagerstättentyp eindeutig abzulesen. Die Teile der Lagerstätte mit hoher Mächtigkeit, aber geringem Gehalt drücken den Durchschnittsgehalt des Fördergutes wesentlich herab. Nach PETROW soll dieser jedoch in beiden Fällen gleich sein (ohne Verwendung der Ergebnisse der Bohrungen 2 und 3)! Noch anschaulicher wird dieses Problem, wenn man in Abb. 2 die „nutzbare" Komponente (Kies) mit der „nichtnutzbaren" (Sand) vertauscht. Nach der Methode von PETROW müßte die Lagerstätte auch in diesem Fall den gleichen Durchschnittsgehalt (nämlich 50% bei Verwendung der Ergebnisse aus den Bohrlöchern 1 und 4) aufweisen. Dieses Beispiel dürfte am besten dazu geeignet sein, den schwerwiegenden Gedankenfehler PETROWs anschaulich darzulegen und die Notwendigkeit des Wägens unter diesen Umständen zu beweisen.[1])

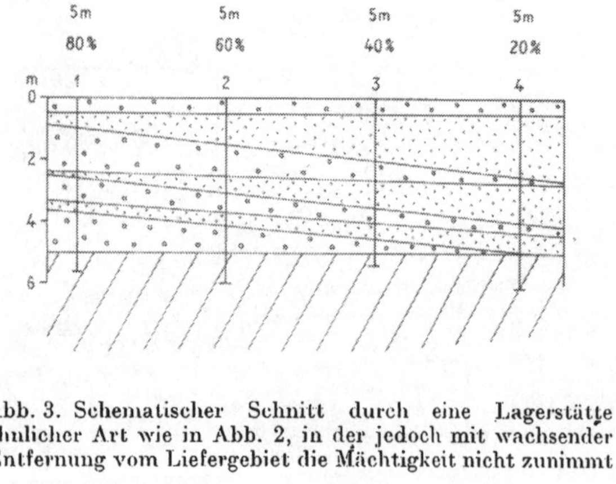

Abb. 3. Schematischer Schnitt durch eine Lagerstätte ähnlicher Art wie in Abb. 2, in der jedoch mit wachsender Entfernung vom Liefergebiet die Mächtigkeit nicht zunimmt

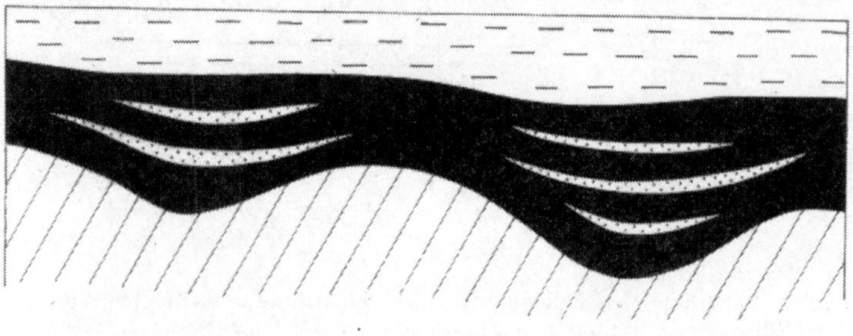

Abb. 4. Schematischer Schnitt durch eine Lagerstätte mit wechselnder Mächtigkeit, in der ebenfalls bei Zunahme der Mächtigkeit eine Qualitätsminderung zu beobachten ist (z. B. Kohlelagerstätten, in denen durch synsedimentäre ungleichmäßige Absenkungen des Untergrundes bei Erhöhung der Kohlemächtigkeiten gleichzeitig die Ablagerung aschebildender Substanzen gefördert wurde)

Wieso konnte aber PETROW einen (scheinbaren) Beweis dafür erbringen, daß das Wägen zu falschen Durchschnittsgehalten führt? Betrachten wir seine Abb. 2 deshalb genauer.

Bei 1 m Mächtigkeitszunahme steigt der Gehalt jeweils um 7,5%. Demzufolge dürfte diese Lagerstätte nach der Darstellung von PETROW keine höhere Mächtigkeit als ca. 12,7 m aufweisen, da sonst der Gehalt 100% überschreiten würde. Gehalte < 5% dürften

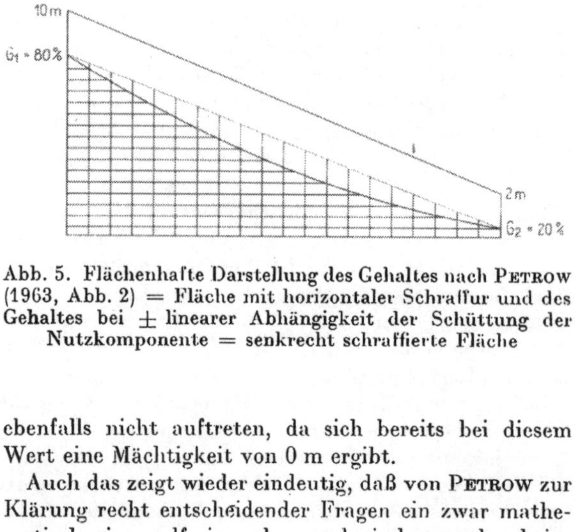

Abb. 5. Flächenhafte Darstellung des Gehaltes nach PETROW (1963, Abb. 2) = Fläche mit horizontaler Schraffur und des Gehaltes bei ± linearer Abhängigkeit der Schüttung der Nutzkomponente = senkrecht schraffierte Fläche

ebenfalls nicht auftreten, da sich bereits bei diesem Wert eine Mächtigkeit von 0 m ergibt.

Auch das zeigt wieder eindeutig, daß von PETROW zur Klärung recht entscheidender Fragen ein zwar mathematisch einwandfreies, aber geologisch unwahrscheinliches, wenn nicht sogar unmögliches Beispiel herangezogen wurde. Geologisch wahrscheinlicher ist, daß nicht der Gehalt, sondern die „Schüttung" der nutzbaren Komponente [das entspricht im Prinzip der „Nutzmächtigkeit" (QUELLMALZ 1963, nach STAMMBERGER)] einer annähernd linearen Funktion folgt. Zur Darlegung dieser Unterschiede ist in Abb. 5 die bereits von GOTTE (1959) benutzte Methode verwendet worden, den Gehalt an nutzbaren Komponenten als Flächenanteil darzustellen.[2]) In Wirklichkeit liegen in den Lagerstätten weit kompliziertere Verhältnisse vor.

[1]) Sinngemäß trifft das auch für Lagerstätten zu, die einen in Abb. 4 dargestellten Aufbau besitzen.

[2]) Bezüglich des z. B. bei der mittleren Mächtigkeit von 6 m vorhandenen Gehaltes sei auch auf QUELLMALZ (1963, Tab. 2) verwiesen.

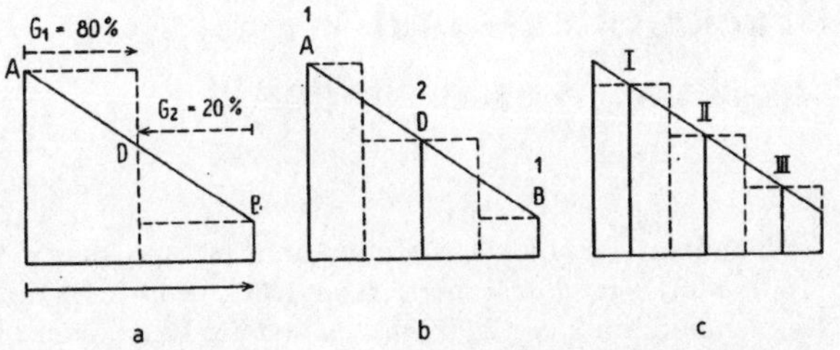

Abb. 6. Die Ausdehnung des Geltungsbereiches einer Probe bei Lagerstätten mit funktionalen Beziehungen zwischen Gehalt und Mächtigkeit

a) Nach PETROW (Abb. 3): falsch, da die Übertragung der Gehalte (gestrichelte Pfeile) den Gesetzmäßigkeiten der Lagerstätten (ausgezogener Pfeil) widerspricht. b) Dem Lagerstättentyp entsprechende Behandlung der bei A, D und B erhaltenen Bemusterungswerte. Die über dem Diagramm stehenden Zahlen geben das Gewicht der Proben an, mit dem diese – bei gleichzeitiger Wägung mit der Mächtigkeit – zur Berechnung des Durchschnittsgehaltes herangezogen werden müssen. c) Eine andere Methode der Bemusterung, bei der die Proben an den Enden des Blockes nicht gleichzeitig dessen Begrenzung bilden. Alle Proben (I bis III) sind hier gleichwertig zu behandeln (vgl. auch GOTTE 1959, Abb. 1–6).

Exakte funktionale Beziehungen gibt es kaum, korrelative sind dagegen sehr häufig.

Auch die Abb. 3 PETROWs (1963) zeigt einen grundsätzlichen Fehler. Obwohl von A nach B eine gleichsinnig verlaufende Abnahme von Gehalt und Mächtigkeit vorliegt, wurden in der graphischen Darstellung die in A gemessenen Werte für Gehalt und Mächtigkeit nach rechts und die in B gemessenen nach links extrapoliert. Das muß zu falschen Werten führen. Die richtige Darstellungsmethode ist in Abb. 6 der von PETROW (Abb. 3) gewählten schematisch gegenübergestellt (unter Einbeziehung eines dritten Wertes). Der bei PETROW (1963, Abb. 3) durch Verwendung des ganzen Wertes beider einen Lagerstättenabschnitt begrenzenden Proben in den mittleren Durchschnittsgehalt eingehende Fehler ist zwar bei einer großen Anzahl von Proben unbeträchtlich, spielt aber bei nur zwei (Abb. 6a) bzw. drei Proben (Abb. 6b und c) eine entscheidende Rolle.

Die grundsätzliche Ablehnung des Wägens bei der Berechnung des Durchschnittsgehaltes (PETROW 1963) ist also unberechtigt. Die Beweisführung PETROWs ist fehlerhaft. Das gewogene Mittel liefert zwar auch bei Vorhandensein funktionaler und korrelativer Beziehungen zwischen Gehalt und Mächtigkeit nicht den wahren Gehalt der Lagerstätten (da diese keine mathematisch exaktes Gebilde sind), aber den nach Ansicht des Verfassers „besten" Mittelwert. Fehlen diese Beziehungen, so garantiert die Anwendung des gewogenen Mittels auf jeden Fall die Bestimmung des wahren Gehaltes der entnommenen Probe (natürlich in den Fehlergrenzen der Analysen). Da das Wägen jedoch mit einem erheblichen Aufwand an Rechenarbeiten verbunden ist, sollte von Fall zu Fall entschieden werden, ob dieser Aufwand in einem gesunden Verhältnis zu der dadurch erzielten größeren Genauigkeit steht. Nach den bisherigen Ergebnissen der obengenannten Modellversuche können voraussichtlich nach Abschluß dieser Arbeiten einige praktische Hinweise gegeben werden, bei welchen Lagerstättentypen eventuell auf das Wägen der Gehalte mit der Mächtigkeit ohne wesentliche Beeinflussung der Genauigkeit der Durchschnittsgehalte verzichtet werden kann.

Zusammenfassung

Bisher wurde bei funktionalen und korrelativen Beziehungen zwischen Gehalt und Mächtigkeit die Anwendung des gewogenen arithmetischen Mittels zur Bestimmung des Durchschnittsgehaltes von Lagerstätten allgemein anerkannt. A. A. PETROW (1963) versuchte nachzuweisen, daß auch in diesen Fällen das gewöhnliche arithmetische Mittel den wirklichen Durchschnittsgehalt einer Lagerstätte besser repräsentiert. Verfasser stellt fest, daß diese Behauptung falsch ist, weil sie z. T. von unnatürlichen geologischen Bedingungen und auch von falschen mathematischen Voraussetzungen ausgeht. Die Verwendung des gewogenen Mittels ist in bestimmten Fällen nach wie vor prinzipiell berechtigt. Spezielle, an Modellversuchen gewonnene Ergebnisse sowie die Methodik dieser Versuche sollen in einer späteren Veröffentlichung behandelt werden.

Резюме

До сих пор при функциональных и коррелативных отношениях между содержанием и мощностью было обще признано применение взвешенного арифметического среднего. А. А. ПЕТРОВ (1963) стремился доказать, что и при таких случаях обычное арифметическое среднее лучше представляет действительное среднее содержание месторождения. Автор отмечает неправильность этого положения, т. к. оно частично исходит из неестественных геологических условий, а также из неправильных математических предпосылок. Применение взвешенного среднего в определенных случаях и по-прежнему принципиально оправдано. Результаты специальных опытов на моделях, а также методика этих опытов будут рассматриваться позднее в другом опубликовании.

Summary

In functional and correlative connections between content and thickness the use of the weighed arithmetical means has been generally recognized so far in the determination of the average content of deposits. An attempt made by A. A. PETROW (1963) to demonstrate that even in these cases the true average content of a deposit is better represented by the ordinary arithmetical means is shown by the author to be wrong, because it starts from partly unnatural geological conditions and even false mathematical assertions. On principle, the use of the weighed means is justified in certain cases now as before. Special results obtained by model tests as well as their technique will be discussed in a later publication.

Literatur

GOTTE, W.: Zur Diskussion über den besten Mittelwert für geologische Erkundungsdaten. – Z. angew. Geol., 5, 172–175 (1959).

PETROW, A. A.: Über die Unanwendbarkeit der Methode des Wägens bei der Berechnung des Durchschnittsgehaltes. – Z. angew. Geol., 9, 345 bis 348 (1963).

QUELLMALZ, H.: Zur Diskussion über den besten Mittelwert. – Z. angew. Geol., 9, 629–631 (1963).

STAMMBERGER, F.: Zur Diskussion über den besten Mittelwert für geologische Erkundungsdaten. – Z. angew. Geol., 4, 21–26 (1958).

STAMMBERGER, G.: Der Einfluß des Veränderlichkeitstyps eines Mineralkörpers auf die Mittelbildung sowie Extra- und Interpolation. – Z. angew. Geol., 9, 189–194 (1963).

Lagerstättenparameter durch Druckanstiegs- und Spiegelanstiegsmessungen in Gas- bzw. Wassersonden[1]

SILVESTER PRATSCHKO, Gotha

Beim Studium der deutschsprachigen und sowjetischen Erdöl- und Erdgasliteratur muß festgestellt werden, daß in den letzten Jahren Messungen des Sohlenfließdruckes in Erkundungs- und Fördersonden in immer stärkerem Maße als Methode zur Untersuchung der Speichereigenschaften Raum gewinnen (s. Literatur). Man bezeichnet diese auch als Methode der Untersuchung bei nichtstationärem Filtrationsregime. Im Gegensatz zu der bei konstantem Regime angewandten Methode, deren Hauptziel es ist, bei konstantem Sohlenfließdruck eine konstante Förderrate zu ermitteln, gründet sich die Analyse und Auswertung einer Druckaufbaumessung auf die Veränderung des Sohlendruckes bzw. des Spiegelstandes in der Zeiteinheit nach Einstellung einer konstanten Produktion. Bei einer Druckaufbaumessung läßt sich die bohrlochferne Permeabilität einer Schicht ermitteln, ferner kann aus der Kurvenform auf das Vorhandensein von Permeabilitätsverschlechterungen bzw. -störungen in einem bestimmten Abstand von der Bohrung geschlossen werden (STJOPIN 1962, MURAWJEW u. a. 1962).

Von KOROTAJEW & POLJANSKIJ (1961) werden Formeln gegeben, die Koeffizienten der Druckaufbauanalyse enthalten und mit deren Hilfe der Einflußbereich einer Sonde, die Porosität und die Permeabilität eines Speichers berechnet werden können. Wird eine Sonde bei stationärem, d. h. konstantem, Förderregime untersucht, so ist es nicht möglich, alle obenerwähnten Parameter zu ermitteln.

Von theoretischen Erläuterungen der Druckaufbaumethode wird abgesehen, da von KOROTAJEW & POLJANSKIJ (1961) und besonders FANIEW (1958) die Theorie ausführlich abgehandelt wird. Es sollen hier vielmehr wichtige Lagerstättenparameter abgeleitet werden.

a) Gassonde

Der Druckaufbaumessung ging eine fördertechnische Mengenmessung mit dem Gerät für kritische Strömungen voraus:

Daten der Sonde:
Horizont: Ca2d (ungeklüfteter, poröser Dolomit),
Teufenbereich: 941—972 m,
effektive Mächtigkeit: 18 m (nach geoph. Bohrlochmessung),
Bohrlochdurchmesser: 140 mm.
Der Speicher ist unverrohrt und vollkommen durchteuft, die Produktionsrohrtour ist bis OK Speicher eingebaut (5 3/4″),
Steigrohre sind bis 970 m eingebaut (2 3/8″).
Lagerstättendruck bei 950 m = 113,2 ata,
Lagerstättentemperatur = 310°K,
relatives spezifisches Gewicht des Gases ($\bar{\gamma}$) = 0,9416 (Luft = 1).
Bei einem Scheibendurchmesser von 18,65 mm und bei einem konstanten Fließdruck von 71,1 ata beträgt die Fördermenge Q = 268000 Nm³/24 h = 3090760,0 cm³/sec; Viskosität des Gases 0,013 cP.

Nachdem sich bei der letzten und größten Scheibe (18,65 mm) ein konstanter Kopfdruck von 64,1 ata (Sohlenfließdruck = 71,6 ata) eingestellt hatte, wurde die Sonde geschlossen und in gewissen Zeitabständen der Druckaufbau am Sondenkopf mit einem Feinmeßmanometer registriert. Die Druckaufbauwerte sind, in die notwendigen Ausdrücke umgerechnet, in Tabelle 1 aufgeführt. Die Umrechnung der ansteigenden Kopfdrücke auf entsprechende Fließdrücke wurde mit Hilfe der barometrischen Formel vorgenommen:

$$P_{fl} = P_K \cdot e^S \qquad (1)$$

P_{fl} — [ata] = Sohlendruck
P_K — [ata] = Kopfdruck
S — $\frac{0{,}03415 \cdot \bar{\gamma} \cdot L}{T_{mitt.} \cdot Z_{mitt.}}$
$\bar{\gamma}$ — relatives spezifisches Gewicht des Gases (Luft = 1),
L — [m] Teufe des Horizontes,
$T_{mitt.}$ — [°K] mittlere Gastemperatur in der Sonde,
$Z_{mitt.}$ — mittlerer Kompressibilitätskoeffizient des Gases,
e — Basis des Log. nat. = 2,7183.

Nach Einstellung eines konstanten Kopfdruckes (100,7 ata) ist der Lagerstättendruck ebenfalls mit Hilfe der Formel (1) errechnet worden:

$$P_L = P_K \cdot e^S$$
$$P_L = 100{,}7 \cdot e^{\frac{0{,}03415 \cdot 0{,}9416 \cdot 950}{295 \cdot 0{,}857}} = 113{,}2 \text{ [ata]}$$

Tabelle 1

1 t [sec]	2 lg t	3 P_K [ata]	4 e^S	5 $P_K \cdot e^S$ [ata]	6 P_{fl}^2 [ata]	7 $P_L^2 - P_{fl}^2$ [ata]	8 lg $P_L^2 - P_{fl}^2$
0	0,0000	64,1	1,1165	71,1	5056	7804	3,8923
30	1,4771	75,7	1,1185	85,2	7290	5570	3,7459
60	1,7782	77,7	1,1190	86,5	7500	5360	3,7292
90	1,9542	81,2	1,1195	90,4	8230	4630	3.6656
120	2,0792	84,2	1,1200	93,8	8820	4040	3,6064
150	2,1761	86,2	1,1205	95,2	9120	3740	3,5729
240	2,3802	90,4	1,1215	101,2	10120	2740	3,4378
300	2,4771	91,5	1,1215	102,9	10285	2575	3,4108
360	2,5563	92,1	1,1218	103,3	10340	2520	3,4015
420	2,6232	93,1	1,1220	104,3	10900	1860	3,2695
480	2,6812	93,3	1,1220	105,0	11020	1840	3,2648
540	2,7324	93,7	1,1220	105,5	11130	1730	3,2380
600	2,7782	94,7	1,1222	106,4	11330	1530	3,1847
900	2,9542	95,2	1,1225	107,2	11500	1360	3,1335
2400	3,3802	95,8	1,1225	107.5	11550	1310	3,1173
6000	3,7782	96,9	1,1227	109.1	11910	950	2,9294
9600	3,9823	98,0	1,1230	110,2	12150	710	2,8513
13200	4,1206	98,4	1,1230	110,4	12190	670	2,8261
16800	4,2253	98,7	1,1230	110,8	12276	584	2,7664
20400	4,3096	99,0	1,1230	111,2	12365	495	2,6946
24000	4,3802	99,0	1,1230	111,2	12365	495	2,6946
27600	4,4409	99,0	1,1230	111,2	12365	495	2,6946
33000	4,5185	99,2	1,1230	111,4	12410	450	2,6532
40200	4,6042	99,6	1.1232	111,9	12520	338	2,5289
47400	4,6758	99,7	1,1232	112,0	12544	316	2,4997
99600	4,9983	100,5	1,1232	112,9	12746	114	2,0569

[1]) Eingang des Manuskripts in der Redaktion: 20. 4. 1964

Über die Ermittlung des veränderlichen Kompressibilitätskoeffizienten Z in Abhängigkeit von der Gaszusammensetzung, dem Druck und der Temperatur geben KOROTAJEW & POLJANSKIJ (1961) und FANIEW (1958) ausführliche Hinweise.

Nach diesen Autoren werden die Durchlässigkeit des sondenfernen Bereiches, der Druckleitfähigkeitskoeffizient, der Einflußbereich und die Porosität in einem Gasspeicher nach folgenden Formeln errechnet:

Sondenferne Permeabilität k (im Gasspeicher):

$$k = \frac{1{,}15 \cdot Q \cdot T_L \cdot \mu}{293 \cdot \pi \cdot h \cdot 1{,}03 \cdot \beta} \text{ [Darcy]} \qquad (2)$$

Druckleitfähigkeitskoeffizient x (im Gasspeicher):

$$x = \frac{k P_L}{m \cdot \mu} \text{ [cm}^2\text{/sec]} \qquad (3)$$

Einflußbereich einer Gassonde R_K:

$$R_K = \sqrt{2{,}51 \frac{x}{\beta_1}} \text{ [cm]} \qquad (4)$$

Nutzporosität im Gasspeicher m (100% = 1):

$$m = \frac{1{,}15 \cdot 2{,}51 \cdot Q \cdot P_L \cdot T_L}{293 \cdot \beta \cdot \beta_1 \cdot h \cdot R_K^2 \cdot \pi \cdot 1{,}03} \qquad (5)$$

Erläuterung:

k — [Darcy] = Durchlässigkeit,
Q — [cm³/sec] = unter Normalbedingungen (0° C, 760 mm Hg),
T_L — [°K] = Lagerstättentemperatur,
μ — [cp] = Viskosität,
h — [cm] = effektive Speichermächtigkeit,
P_L — [ata] = Lagerstättendruck,
x — [cm²/sec] = Druckleitfähigkeitskoeffizient,
m — [in Teilen von 1 (100% = 1)] = Nutzporosität,
R_K — [cm] = Einflußbereich einer Gassonde,
β_1 — graphisch ermittelter Koeffizient (s. Abb. 2),
β — ,, ,, ,, (s. Abb. 1),
π — Koeffizient (3,14),
1,03 — Umrechnungskoeffizient von at auf 760 mm Hg,
1,15 — Koeffizient,
2,51 — ,, ,
293 — Umrechnungskoeffizient auf 20 °C (= 273 °K).

Da sich unsere Mengenberechnung (Q) auf 273 °K bezieht, wird in den nachfolgenden Beispielen anstatt 293 °K 273°K erscheinen.

Berechnung der Parameter:

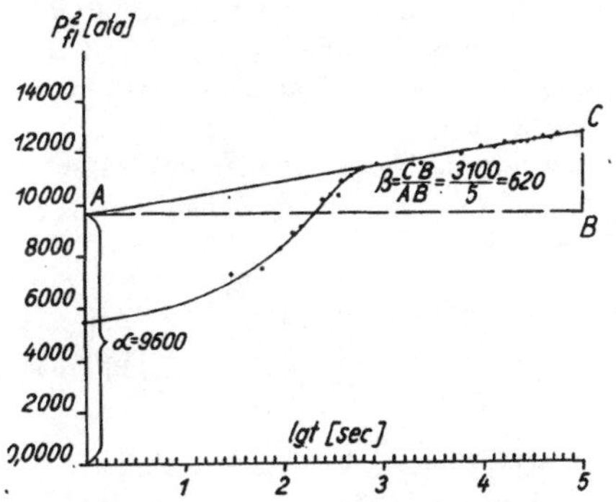

Abb. 1. Druckaufbaukurve, die der Formel einer unendlich großen Schicht entspricht ($P_{fl}^2 = \alpha + \beta \cdot \lg t$)

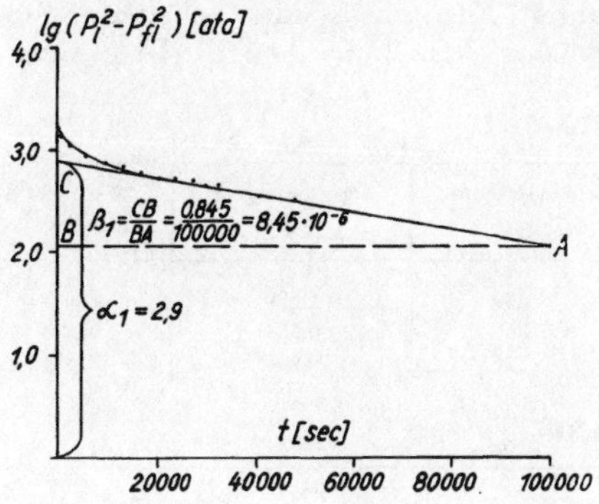

Abb. 2. Druckaufbaukurve, die der Formel einer begrenzten Schicht entspricht [$\lg(P_I^2 - P_{fl}^2) = \alpha_1 - \beta_1 \cdot t$]

$$k = \frac{1{,}15 \cdot 3090760 \cdot 310 \cdot 0{,}013}{273 \cdot 3{,}14 \cdot 1800 \cdot 1{,}03 \cdot 620} = 0{,}0145 \text{ [Darcy]}$$

$$x = \frac{0{,}0145 \cdot 113{,}2}{0{,}1 \cdot 0{,}013} = 1265 \text{ [cm}^2\text{/sec]}$$

Es ist eine Porosität von 0,1 angenommen worden.

$$R_K = \sqrt{2{,}51 \cdot \frac{1265}{0{,}00000845}} = 19380 \text{ cm} = 193{,}8 \text{ m}$$

$$m = \frac{1{,}15 \cdot 2{,}51 \cdot 3090760 \cdot 113{,}2 \cdot 310}{273 \cdot 620 \cdot 0{,}00000845 \cdot 1800 \cdot 377000000 \cdot 3{,}14 \cdot 1{,}03} = 0{,}0995 \approx 0{,}1$$

Zur Überprüfung der in Abb. 1 und 2 ermittelten Koeffizienten α, β und β_1 auf ihre Richtigkeit dient nachstehender Ausdruck:

$$P_L^2 = \alpha - \beta\,(\lg \beta_1 - 0{,}048)$$
$$P_L^2 = 9600 - 620\,(-5{,}07314 - 0{,}048) = 12771{,}3 \qquad (6)$$
$$P_L = \sqrt{12771{,}3} = 113{,}03$$

Die Probe ergibt also lediglich eine Abweichung von 0,17 at vom tatsächlich errechneten Wert (113,2), was als Beweis für die Richtigkeit der ermittelten Koeffizienten anzusehen ist. Entsprechend der Theorie, die von idealen, d. h. homogenen, Lagerstättenverhältnissen ausgeht, sind obige Parameter als Durchschnittswerte anzusehen.

b) Wassersonde

Daten der Sonde:
Horizont: Ca2d (ungeklüfteter, poröser Dolomit),
Teufenbereich: 920—953 m,
effektive Speichermächtigkeit: 22 m (nach geoph. Bohrlochmessung),
Bohrlochdurchmesser: 140 mm.

Der Speicher ist unverrohrt und vollkommen durchteuft. Die Produktionsrohrtour (5³/₄″) ist bis OK Speicher eingebaut. Der Bohrlochdurchmesser beträgt 140 mm.

Das Schichtwasser ist hochmineralisiert und hat eine Wichte von 1,225, die Viskosität beträgt unter Lagerstättenbedingungen 1,6 cP. Der Zufluß aus der Schicht wurde bei drei der Teufe nach unterschiedlichen dynamischen Spiegelständen untersucht, d. h., die Bohrung wurde nach der Methode des konstanten Regimes (konstanter Fließdruck und konstante Förderrate) untersucht (s. Tab. 2 und Abb. 3). Trägt man die entsprechenden Zuflußwerte ($m^3/24$ h) in Abhängigkeit vom jeweiligen dynamischen Spiegel (Schöpfteufe) auf, so läßt sich bei zuverlässigen Meßdaten die Indikatorkurve der Bohrung zeichnen.

Tabelle 2

Schöpfteufe [m]	Schöpfmenge/h [m³]	Menge/24 h [m³]
430	1,000	24,0
350	0,554	13,3
285	0,200	4,8

Tabelle 3

1	2	3	4	5
t [min]	Spiegelteufe [m]	lg t	lg (T + t)	lg $\frac{T+t}{t}$
0	282,5	0	3,8987	3,8987
60	272,0	1,7782	3,9020	2,1238
120	264,2	2,0792	3,9053	1,8261
180	259,8	2,2553	3,9085	1,6532
240	255,0	2,3802	3,9117	1,5315
300	252,3	2,4771	3,9149	1,4378
360	250,1	2,5563	3,9180	1,3617
420	247,6	2,6232	3,9212	1,2980
480	246,9	2,6812	3,9243	1,2431
540	245,5	2,7324	3,9274	1,1950
600	244,4	2,7782	3,9304	1,1522
1440	241,2	3,1584	3,9713	0,8129
7920	238,0	3,8987	4,2269	0,3282

Da die Schöpfarbeit kontinuierlich durchgeführt wurde, kann man diese Arbeitsweise mit der einer Tiefenpumpe vergleichen, die den Spiegel in ihrem Niveau abpumpt.

Die Meßwerte und das Diagramm (Abb. 3) zeigen, daß mit geringen Abweichungen die Meßpunkte auf der gezogenen Geraden liegen und somit dem linearen Filtrationsgesetz entsprechen. Aus dem Diagramm läßt sich der Produktivitätsindex ableiten.

$$\text{Produktivitätsindex} = \frac{Q}{\Delta P}\,[\text{m}^3/24\,\text{h/at}] \qquad (7)$$

Da das Diagramm die Ordinatenwerte in m Wassersäule ausweist, ist eine Umrechnung von ΔH in ΔP notwendig, wobei die Wichte der Flüssigkeit zu berücksichtigen ist (s. Abb. 3).

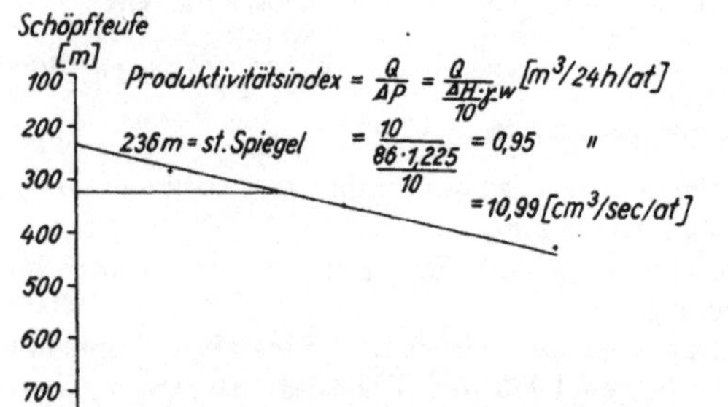

Abb. 3. Indikatorkurve einer verwässerten Bohrung im Ca2d

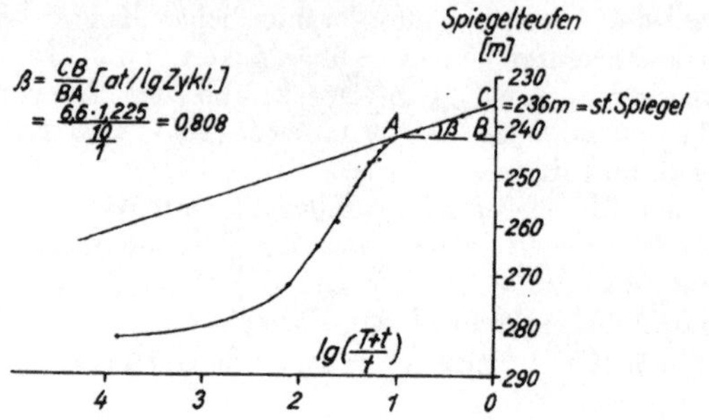

Abb. 4. Spiegelanstiegskurve in einer verwässerten Bohrung im Ca2d

Setzt man bestimmte Q- und ihnen entsprechende P-Werte in Formel (7) ein, so erhält man:

$$\text{Produktivitätsindex } (P_{ro}) = \frac{10}{\frac{86 \cdot 1{,}225}{10}}$$
$$= 0{,}95\,[\text{m}^3/24\,\text{h/at}]$$
$$= 10{,}99\,[\text{cm}^3/\text{sec/at}]$$

Löst man die DUPUITsche Formel

$$Q = \frac{2\pi k h \Delta P}{\mu \cdot \ln\left(\frac{R_K}{R_B}\right)}\,[\text{cm}^3/\text{sec}] \qquad (8)$$

nach k auf, so kann bei Berücksichtigung des hydrodynamischen Zustandes im Speicherbereich die bohrlochnahe Permeabilität k errechnet werden:

$$k = \frac{Pro \cdot \mu \cdot \left(\ln \frac{R_K}{R_B} + C_1 + C_2\right)}{2\pi h}\ \text{Darcy} \qquad (9)$$

k — [Darcy] = bohrlochnah,
Pro — [cm³/sec/at] = Produktivitätsindex,
μ — [cP] = Viskosität (unter Lagerstättenbedingungen),
h — cm = effektive Schichtmächtigkeit,
π — 3,14 = Koeffizient,
C_1 — Korrekturfaktor, der die Installation des Speichers berücksichtigt (Bohrlochdurchmesser, Schuß/m, Eindringtiefe der Perforatoren, Durchmesser der Perforatoren),
C_2 — Korrekturfaktor, der die zusätzlichen Strömungswiderstände vom Grad der Erschließung der Schicht berücksichtigt,
R_K — Einflußbereich der Bohrung in m,
R_B — Bohrlochradius, ebenfalls in m.

Da der Speicher unverrohrt und ganz durchteuft ist, fallen die Faktoren C_1 und C_2 in unserem Falle weg. Die Ermittlung der beiden Faktoren wird von FANIEW (1958) beschrieben.

Wird anstatt des Log. nat. der dekadische Logarithmus verwendet, so muß der Zähler mit 2,3 erweitert werden.

$$k = \frac{2{,}3 \cdot Pro \cdot \lg\left(\frac{R_K}{R_B}\right) \cdot \mu}{2\pi h}\,[\text{Darcy}] \qquad (10)$$

Da der Quotient $\frac{R_K}{R_B}$ als logarithmische Größe in Rechnung geht, fällt bei der Einschätzung von R_K ein Fehler von beispielsweise 100% nicht stark ins Gewicht.

In unserem Beispiel wird $\lg\left(\frac{R_K}{R_B}\right)$ mit 3 angenommen.

Die bohrlochnahe Durchlässigkeit im untersuchten Speicher beträgt:

$$k = \frac{2{,}3 \cdot 10{,}99 \cdot 3 \cdot 1{,}6}{2 \cdot 3{,}14 \cdot 2200} = 0{,}00805 \text{ [Darcy]}$$

Die bohrlochferne Durchlässigkeit ist nach FANIEW (1958) aus der Analyse der Spiegelanstiegswerte in Abhängigkeit von der Zeit zu ermitteln (s. Tab. 3 und Abb. 4).

Während bei Gassonden die Fließdruckwerte nach dem Schließen der Sonde auf der Ordinate als quadratische Größen aufgetragen werden, werden bei Wassersonden die Spiegelstände aufgetragen. Die Umrechnung in die entsprechenden Sohlendrücke kann später vorgenommen werden.

Während bei der Gassonde (Abb. 1) die Zeit t logarithmisch auf der Abszisse aufgetragen ist, ist in Abb. 4 (Wassersonde) auf der Abszisse der Ausdruck $\lg\left(\frac{T+t}{t}\right)$ aufgetragen, wobei t die nach Einstellung der Schöpfarbeit bei einem bestimmten Spiegelstand gemessene Zeit bedeutet. T ist eine theoretisch ermittelte Förderzeit, die den Quotienten aus Gesamtzuflußmenge und Zuflußmenge pro h beim letzten Spiegelstand ausdrückt:

Gesamtzuflußmenge = 26460 l Wasser,
stündlicher Zufluß beim Spiegelstand von 185 m = 200 l,
T = 26460/200 = 132 Stunden = 7920 min, lg T = 3,8987.

Diese Art der Auftragung ermöglicht es, den absoluten statischen Spiegel graphisch zu ermitteln, und zwar kann er dort abgelesen werden, wo die Gerade die Ordinate schneidet (Abb. 4).

Die Auftragung der Zeit kann auch wie in Abb. 1 vorgenommen werden; denn daraus resultiert nur ein ganz geringfügig veränderter Steigungswert CB/BA. In diesem Falle ist es aber nicht mehr möglich, den statischen Spiegel und damit den absoluten Lagerstättendruck zu ermitteln.

Der Theorie nach ist nur eine solche graphische Darstellung für weitere Berechnungen und auch für die Ermittlung des statischen Spiegels brauchbar, die mindestens einen geradlinigen Endabschnitt aufweist. Sind mehrere geradlinige Abschnitte zu erkennen, so deutet das auf das Vorhandensein von Störungen bzw. sprunghaften Permeabilitätsänderungen in einem gewissen Abstand von der Sonde hin.

Auswertung der Spiegelanstiegsmessung

Die Spiegelanstiegsmessung wurde mit der Meßwinde durchgeführt, die im Teufenbereich von 100—300 m eine Meßgenauigkeit von $\pm 0{,}4$ m garantiert. Die Messung wurde gleich nach Beendigung der Schöpfarbeit bei Teufe 185 m begonnen (s. Tab. 3 und Abb. 4). 300 Tage nach Beendigung der Messung wurde bei einer Kontrollmessung der Spiegel bei 235,6 m angetroffen. In Anbetracht der langen Zeitdauer (300 Tage) kann man diesen Wert als einen konstanten Wert ansehen. Damit ist die Steigung der Geraden in der Endphase der Kurve durch drei Punkte belegt und der Steigungswert von 0,808 als richtig bewiesen.

Von FANIEW (1958) wird für die Berechnung der bohrlochfernen Durchlässigkeit folgende Formel gegeben:

$$K = \frac{2{,}3 \cdot Q \cdot \mu}{4\pi \cdot h \cdot \beta} \text{ [Darcy]} \qquad (11)$$

k — [Darcy] = bohrlochfern,
Q — [cm³/sec] = Zuflußmenge beim letzten Förderregime,
μ — [cP] = Viskosität,
h — [cm] = effektive Speichermächtigkeit,
β — Steigung des geradlinigen Kurvenschnittes,
π — 3,14 = Koeffizient.

Die bohrlochferne Durchlässigkeit im untersuchten Speicher beträgt:

$$k = \frac{2{,}3 \cdot 55{,}54 \cdot 1{,}6}{4 \cdot 3{,}14 \cdot 2200 \cdot 0{,}808} = 0{,}0091 \text{ [Darcy]}$$

Einschätzung der ermittelten Parameter

Von allen ermittelten Parametern sind die Permeabilität und der graphisch ermittelte statische Spiegel als die zuverlässigsten Werte anzusehen. Anders ist es bei den übrigen Parametern (x, R_K u. m.); denn diese Werte resultieren rechnerisch aus der Annahme anderer, noch nicht exakt bewiesener Werte. Hat man beispielsweise einen zuverlässigen Porositätswert, so gewinnen auch x und R_K mehr Vertrauen.

Da in Formel (5) R_K als quadratische Größe (R_K^2) eingeht, kann sich ein geringer Fehler in der Einschätzung von R_K auf m erheblich in positiver bzw. negativer Richtung auswirken.

In Anbetracht des geringen Aufwandes, den die Druckanstiegs- und Spiegelanstiegsmessungen erfordern, sollten bei allen Testarbeiten und besonders beim Abbau von Lagerstätten diese Untersuchungsmethoden angewendet werden; denn die hierbei ermittelten Parameter tragen wesentlich dazu bei, bestimmte Horizonte oder Lagerstätten zu charakterisieren und besser einzuschätzen.

Zusammenfassung

Auf der Grundlage einer Druckanstiegsmessung wurden die bohrlochferne Durchlässigkeit, die Druckleitfähigkeit, der Einflußbereich und die Porosität in einem Gasspeicher ermittelt. In einem wasserführenden Horizont wurden aus der Analyse einer Spiegelanstiegsmessung die bohrlochferne und die bohrlochnahe Durchlässigkeit sowie der statische Spiegel graphisch ermittelt.

Резюме

На основании измерения повышения давления определялись проницаемость в отдалении от скважины, проводимость давления, радиус влияния и пористость газохранилища. На основании анализа наблюдения за восстановлением уровня в одном водоносном горизонте графически определялись проницаемость вблизи и в отдалении от скважины, а также статистический уровень.

Summary

Parameters determined in a gas reservoir on the basis of a pressure increase measurement include the permeability far from the borehole, pressure conductivity, sphere of influence and porosity. The permeability far from and near the borehole as well as the static level have been graphically determined in a water-bearing horizon from the analysis of a level increase measurement.

Literatur

DOLAK, E.: Über Ursache und Behandlung von Zuflußschwierigkeiten. — Erdöl-Z. f. Bohr- u. Fördertechnik usw., 78, H. 1, 1—16, Wien-Hamburg 1962.

FANIEW, R. D.: Abbau von Erdöl- und Erdgaslagerstätten. — Moskau 1958 (russisch).

HADDENHORST, G. H., & M. MEYER: Druckmessungen in Erdöllagerstätten. — Erdöl-Z. f. Bohr- u. Fördertechnik usw., 79, H. 4, 144—158, Wien-Hamburg 1963.

KOROTAJEW, J. P., & A. P. POLJANSKIJ: Ausbeutung von Erdgasbohrungen. — Moskau 1961 (russisch).

KOTJACHOW, F. J.: Über die Bestimmung des Klüftigkeitsfaktors nach den Druckausgleichskurven. — Z. angew. Geol., 9, H. 10, 520—523 (1963).

MURAWJEW, I. M., F. S. ABDULIN & N. L. ROMANOWA: Bestimmung der lithologischen Abgrenzung einer Schicht nach Druckaufbaukurven des Sohlendruckes und ihr Einfluß auf die Aufnahmefähigkeit in Einpreßbohrungen. — Erdölwirtschaft, H. 7, 35—40, 1962 (russisch).

STJOPIN, J. G.: Anwendungsmöglichkeit hydrodynamischer Untersuchungen für das Aufsuchen abgeschirmter Erdöllager. — Z. angew. Geol., 8, H. 12, 632—634 (1962).

Einige Einsatzmöglichkeiten geoelektrischer Meßverfahren bei der Baugrunduntersuchung von Stauanlagen[1]

LOTHAR FRÖHLICH, Leipzig

(Mitteilung aus dem VEB Geophysik, Leipzig)

Einleitung

Die Überprüfung der Gründe, die zu den in den letzten Jahren aufgetretenen Katastrophen an Talsperren (z. B. FRÉJUS 1959 und VAJONT 1963) führten, hat gezeigt, daß weniger eine fehlerhafte Berechnung oder Bauausführung der Stauanlagen selbst, sondern eine ungenügende Kenntnis über das Verhalten des Baugrunds in erster Linie Ursache dieser bedauerlichen Katastrophen war.

Diese Tatsachen lassen erkennen, welch große Bedeutung einer genauen Untersuchung des Baugrunds für Stauanlagen beigemessen werden muß. Hierbei spielt die eingehende ingenieurgeologische Standortserkundung eine wesentliche Rolle. Dabei darf sich der Ingenieurgeologe jedoch nicht mehr auf die bisher zur Anwendung gelangten geologischen Untersuchungsverfahren wie Schürfe und Bohrungen allein beschränken, sondern sollte sich auch der Hilfe verwandter Fachgebiete, wie z. B. der Ingenieurgeophysik, bedienen, um alle Möglichkeiten, Aussagen über den Aufbau des Baugrunds zu erhalten, ausschöpfen zu können.

Der Einsatz geophysikalischer Meßverfahren für die Belange der Baugrunduntersuchung ist nicht neu und erfolgt im Ausland bereits seit längerer Zeit in größerem Umfang. Die wesentlichste Aufgabe der Geophysik besteht dabei in einer raschen strukturellen Untersuchung des Baugrunds, um die Zahl der notwendigen Erkundungsbohrungen und Schürfe einschränken bzw. zielgerichteter ansetzen zu können.

Auch in der DDR sind in letzter Zeit in steigendem Maße geophysikalische Arbeiten zur Unterstützung der ingenieurgeologischen Baugrunduntersuchung für Stauanlagen von verschiedenen geophysikalischen Institutionen durchgeführt worden. Dabei gelangten in erster Linie seismische und geoelektrische Meßverfahren zur Anwendung.

Im folgenden sollen an Hand von drei Beispielen ingenieurgeophysikalischer Arbeiten des VEB Geophysik, Leipzig, die Einsatzmöglichkeiten einiger geoelektrischer Meßmethoden bei verschiedenen Problemen der Baugrunduntersuchung für Stauanlagen dargelegt werden.

Beispiel 1: Geoelektrische Tiefensondierungen als Hilfsmittel bei der Reliefuntersuchung interessierender Schichten im Baugrund von Stauanlagen

Vorbemerkungen

Eine wesentliche Aufgabe der ingenieurgeologischen Baugrunduntersuchung für Stauanlagen besteht in der Feststellung der Tiefenlage des festen, gründungsfähigen Felsens bzw. der Tiefenlage undurchlässiger Schichten, in die Dichtungsschürzen von Schüttdämmen eingebunden werden können.

Zur Lösung dieser Aufgabe kann, falls die interessierenden Schichtgrenzen nicht zu oberflächennah liegen, die Ingenieurgeophysik, wie folgendes Beispiel zeigt, erfolgversprechend mit geoelektrischen Tiefensondierungen herangezogen werden:

Für die Baugrunduntersuchung im Gebiet eines geplanten Staudamms im Tal der Spree bei Bautzen galt es, geophysikalisch die Mächtigkeit pleistozänen Materials über Ton und Kaolin bzw. über dem Westlausitzer Granodiorit festzustellen sowie nach Möglichkeit noch Aussagen über die Durchlässigkeit der pleistozänen Sedimente zu machen (FRÖHLICH 1963).

Nach den geologischen Kenntnissen weist der den Untergrund des Untersuchungsgebiets aufbauende Granodiorit größere Unterschiede in seiner Tiefenlage auf. In den obersten Partien ist das Gestein außerdem teilweise stark kaolinisiert. Die Tiefenlage dieser Kaolindecke ist ebenfalls recht unterschiedlich. Ihre Mächtigkeit soll zwischen 0 und 10 m schwanken. Überlagert werden Granodiorit und Kaolin stellenweise von tertiärem Ton sowie von pleistozänen Sanden und Kiesen.

Die geoelektrischen Messungen und ihr Ergebnis

Zur Feststellung des Reliefs der einzelnen bautechnisch interessierenden Schichten erfolgten geoelektrische Tiefensondierungen nach SCHLUMBERGER und WATSON bis zu Wirkungstiefen von 100 m auf 2 Sondierungsprofilen. Infolge der Unterlagerung der elektrisch

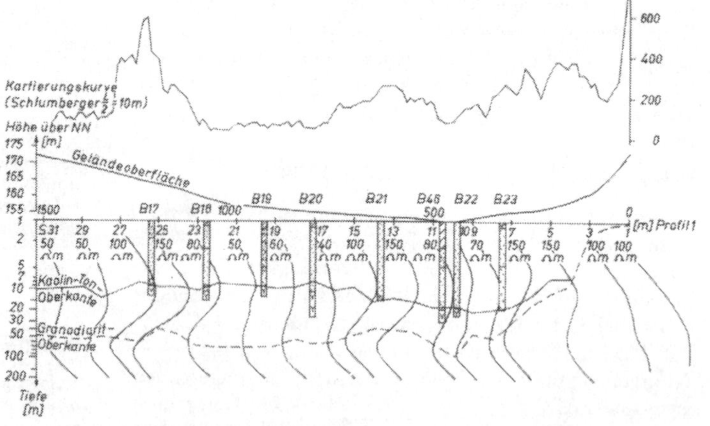

Abb. 1. Speicherbecken Bautzen. Geoelektrische Sondierungen und Kartierung längs der Dammachse

1 — Lehm, 2 — Schluff, sandig; 3 — Fein- bis Grobsand, 4 — Kaolin, 5 — Granodiorit, 6 — Kaolin—Ton-Oberkante, 7 — Granodiorit-Oberkante (nach quantitativer Kurvenauswertung)

---

[1]) Eingang des Manuskripts in der Redaktion: 21. Mai 1964

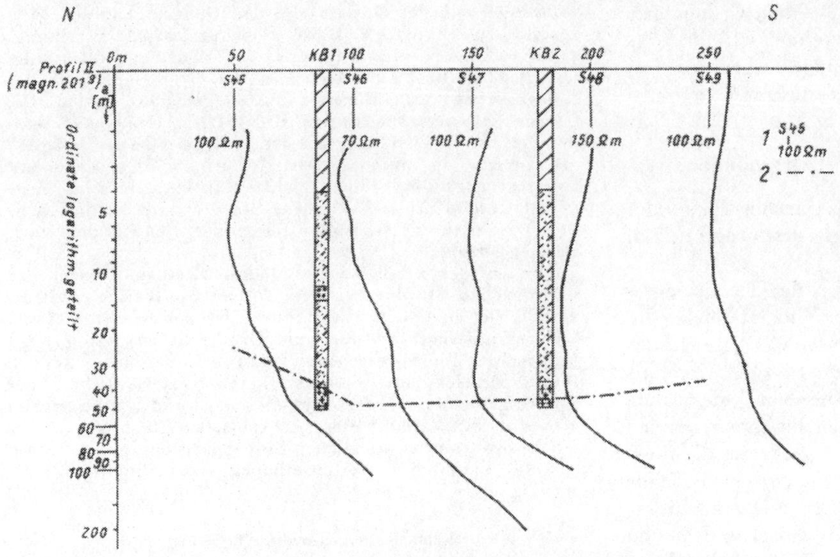

Abb. 2. Speicherbecken Bautzen. Widerstandsmessungen. Sondierungen nach WATSON (Profil II Spreetal)

1 — Sondierung 45 (n. WATSON), scheinbarer spez. Widerstand; 2 — vermutete Oberkante des Granodiorits nach S-Werten der WATSON-Sondierungen
KB 1 und KB 2 liegen ca. 70 m westlich des Sondierungsprofils.

schlecht leitfähigen pleistozänen Sande und Kiese durch gut leitfähiges Material (Kaolin — Ton) im Bereich des Sondierungsprofils 1 (Abb. 1) konnte mit einer genügend genauen Bestimmung der für die Dichtungsmaßnahmen am Staudamm interessierenden Schichtgrenze zwischen rolligem und bindigem Material aus den geoelektrischen Meßkurven gerechnet werden. Auch die geoelektrische Bestimmung der Tiefenlage des Granodiorits war auf Sondierungsprofil 1 gut möglich, da hier zwischen dem schlecht leitfähigen Pleistozän und dem ebenfalls schlecht leitfähigen Granodiorit Kaolin bzw. tertiärer Ton als gut leitfähige Zwischenschicht in genügender Mächtigkeit auftritt. Im Gebiet des Sondierungsprofils II (Abb. 2) fehlt nach geologischen Angaben diese Zwischenschicht, so daß hier die aus den Meßkurven ermittelte Schichtgrenze zwischen Pleistozän und Grundgebirge mit einem größeren Fehler behaftet sein kann. Die Interpretation besonders der Kurven des Profils 1 wurde noch dadurch erschwert, daß die Tiefenlage des Grundwasserspiegels innerhalb der pleistozänen Sedimente schwankt und als zusätzliche geoelektrische Schichtgrenze bei der Auswertung berücksichtigt werden mußte.

Abb. 1 zeigt die Ergebnisse der Tiefensondierungen auf Sondierungsprofil 1. Zur Darstellung gelangten neben dem Geländerelief und dem Widerstandsverlauf des Kartierungsprofils 1 eine Auswahl der gemessenen Sondierungskurven und die daraus berechneten Oberkantentiefen der interessierenden Horizonte (Kaolin — Ton, Granodiorit) im Vergleich zu den Ergebnissen der ingenieurgeologischen Bohrungen.

Auf Grund der quantitativen Auswertung der Sondierungskurven muß im Bereich des Profils 1 mit einer meist > 20—30 m mächtigen Decke bindigen Materials über dem festen Granodiorit gerechnet werden. Die Dicke der pleistozänen Deckschicht schwankt zwischen 0 und 22 m. Im SE-Teil des Profils scheint das bindige Material auszukeilen. Die Sondierungskurven S 1 und 3 weisen nur noch Granodiorit unter geringer Lößlehmbedeckung nach. Eine Tieflage (> 20 m) der Kaolin—Ton-Oberkante ist nach den geoelektrischen Messungen im Bereich zwischen 300 m und 500 m Profilentfernung zu erwarten. Dieses Ergebnis wird durch die Aussagen der auf Profil 1 ausgeführten Schappebohrungen weitgehend bestätigt. Hierzu sei bemerkt, daß nur ein Teil der Bohrungen zum Zeitpunkt der Sondierungsauswertung vorlag und für die Interpretation verwendet werden konnte.

Leider reicht keine der eingetragenen Schappebohrungen bis auf die Granodioritoberkante, so daß eine Überprüfung der an Hand der Sondierungskurven angegebenen Tiefe des Granodiorits noch nicht möglich war. Die aus der Kurvenauswertung resultierenden Tiefenwerte bewegen sich größtenteils zwischen 40 m (Sondierung S 25) und 90 m (Sondierung S 10). Lediglich im SE-Abschnitt des Sondierungsprofils weisen die Sondierungen S 7 bis S 1 auf eine rasche Abnahme der Tiefenlage des Granodiorits bis zu seinem Ausstrich im Bereich der Sondierung 1 hin. Für die Auswertung der Tiefensondierungen im Hinblick auf die Oberkantenbestimmung des festen Untergrunds wurde ein scharf ausgeprägter Leitfähigkeitssprung zwischen der Kaolin—Ton-Schicht und dem Granodiorit angenommen. Ist der Granodiorit an seiner Oberfläche jedoch noch unfrisch, erfolgt ein allmählicher Widerstandsanstieg an der Grenze Kaolin—Ton/Granodiorit, worauf die relativ breite Ausbildung der Minima in einigen Sondierungskurven hinzuweisen scheint. In diesem Fall muß die tatsächliche Schichtgrenze des Granodiorits in geringerer Tiefe, als geoelektrisch angegeben, erwartet werden.

Abb. 2 zeigt die Ergebnisse der Tiefensondierungen nach WATSON auf Profil 2. Geologischerseits wurde der Granodiorit hier auf Grund des Befunds von Schappebohrungen in ca. 12 m Tiefe unter einer Auelehm-Pleistozän-Bedeckung vermutet. Dem widersprechen die aus der Auswertung der Sondierungskurven hervorgehenden Tiefenwerte der Granodioritoberkante, die zwischen 25 m (Sondierung S 45) und 48 m (Sondierung S 46) liegen. Die daraufhin angesetzten Kernbohrungen K 1 und K 2 wurden zwar 50—70 m westlich von Profil 2 niedergebracht, bestätigten aber die Tieflage des Granodiorits im engeren Bereich des Profils 2. Bei dem in den Schappebohrungen in etwa 12 m Tiefe angetroffenen Granodiorit handelt es sich somit lediglich um Geröllmaterial innerhalb der pleistozänen Sedimente. Die Sondierungskurven in Abb. 2 sprechen infolge der im oberen und mittleren Kurvenabschnitt gemessenen ρ_s-Werte um 100 Ωm für eine überwiegend sandige Komponente innerhalb des den Granodiorit überlagernden Materials. Diese Aussage bestätigt ebenso wie das Ergebnis der Kernbohrungen die geologischerseits ausgesprochene Vermutung, daß im Gebiet des

Profils 2 mit einer Kaolindecke über dem Granodiorit wie im Falle von Profil 1 nicht zu rechnen ist.

Zusätzlich zu den Tiefensondierungen wurde im Bereich des Sondierungsprofils 1 auf mehreren Profilen eine Widerstandskartierung nach SCHLUMBERGER mit einer Wirkungstiefe von $\frac{L}{2} = 10$ m vorgenommen, die zur qualitativen Einschätzung der Durchlässigkeit der pleistozänen Sedimente im Bereich des projektierten Staudamms dienen sollte.

In Verbindung mit den Aussagen der Tiefensondierungen liefert z. B. die vorliegende Widerstandskartierung des Profils 1 im Hinblick auf die gewünschte Durchlässigkeitsbeurteilung folgendes qualitative Ergebnis (Abb. 1): Im Gebiet der hohen spezifischen Widerstände über 200 Ωm ist mit meist trocken liegenden Sanden (tiefer Grundwasserspiegel) ohne größeren Lehm—Schluff-Anteil zu rechnen, so daß hier das pleistozäne Material die größte Durchlässigkeit besitzen dürfte. In den Abschnitten mit ρ_s-Werten zwischen 100 und 200 Ωm ist eine Beurteilung der Durchlässigkeit schwer möglich, jedoch muß im vorliegenden Falle angenommen werden, daß die geringeren ρ_s-Werte nur Ausdruck einer höheren Lage des Grundwasserspiegels sind, sonst aber die gleiche Durchlässigkeit des Materials wie in den vorher erwähnten Gebieten zu erwarten ist. Demgegenüber weisen die gemessenen spezifischen Widerstände unter 75 Ωm auf einen größeren Lehm- und Schluffgehalt des Pleistozäns hin, der eine Verringerung der Durchlässigkeit des Materials bewirken wird.

Schlußfolgerungen

Die Ergebnisse der vorliegenden geophysikalischen Untersuchungen beweisen die prinzipielle Anwendbarkeit geoelektrischer Sondierungsverfahren zur Bestimmung der Grenze Lockerbedeckung/fester Untergrund bzw. der Grenze zwischen rolligem und bindigem Material. Bei den im vorliegenden Fall auftretenden größeren Tiefenlagen und Mächtigkeiten der bautechnisch interessierenden Schichten muß sogar den geoelektrischen Verfahren sowohl in bezug auf die Wirtschaftlichkeit als auch hinsichtlich der Aussagekraft der Meßergebnisse der Vorzug vor gewichtsschlag-refraktionsseismischen Messungen gegeben werden. (Der Einsatz der Gewichtsschlag-Refraktionsseismik ist wegen der Lage des Grundwasserspiegels im Sand über dem bindigen Material wenig erfolgversprechend.) Die Anwendung des Verfahrens der geoelektrischen Widerstandskartierung kann dem Ingenieurgeologen rasch erste Anhaltspunkte über qualitative Unterschiede in der Durchlässigkeit der im Staubereich anstehenden Sedimente vermitteln.

Beispiel 2: Geoelektrische Turammessungen als Hilfsmittel bei der Lokalisierung von tektonischen Störungszonen und Gängen im Baugrund von Stauanlagen

Vorbemerkungen

Zur Voruntersuchung des Baugrunds für den Standort einer Talsperre im Tal der Schwarzen Pockau bei Kühnhaide (Erzgeb.) sind im Bereich der geplanten Sperrmauer von geologischer Seite eine Reihe Bohrungen und Schürfe ausgeführt worden (HÄNICHEN & JUBRAN 1961). Bei diesen Arbeiten wurde am linken Talhang eine tektonische Störungszone innerhalb des Gneises, der den Baugrund bildet, festgestellt. So erbrachte z. B. die Bohrung 12 (Abb. 3) lehmig-sandigen Gneiszersatz mit einer z. T. intensiven Rotfärbung. Die gleichen Beobachtungen konnten in den innerhalb der Störungszone ausgeführten Schürfen gemacht werden. Die Grenze Störungszone/frischer Gneis tritt nicht scharf ausgebildet in Erscheinung. Sie ist geologischerseits lediglich als Grenze der intensiveren Rotfärbung des zersetzten Gneises gegenüber dem nichtverfärbten Material festgelegt worden. Außerhalb dieser Störungszone ist der Gneis in der Nähe ihrer festgelegten Begrenzung jedoch auch noch stärker zersetzt.

Die Tatsache, daß bei den Bohrarbeiten im Bereich der tektonischen Störungszone ein totaler Spülverlust auftrat, spricht für eine hohe Wasserdurchlässigkeit des zersetzten Gneises innerhalb der Störung. Da die Störungszone etwa senkrecht zum vorgesehenen Stauwerk verläuft, muß in ihrem Bereich mit einer stärkeren Unterläufigkeit der Sperre gerechnet werden. Aus diesem Grund ist die genaue Kenntnis des Verlaufs dieser tektonischen Störung bzw. der Nachweis weiterer möglicher Störungszonen im Stauraum für die Planung der erforderlichen Baumaßnahmen notwendig.

Elektromagnetische Messungen und ihr Ergebnis

Die Aufgabe der im vorliegenden Fall durchgeführten ingenieurgeophysikalischen Messungen bestand somit in der Verfolgung der bereits bekannten Störungszone in wasser- und luftseitiger Richtung sowie in der Lokalisierung weiterer möglicher Strukturen (Störungen und Gänge) im Sperrenraum (s. STÖTZNER 1963). Zur Anwendung gelangte eine flächenhafte elektromagnetische Vermessung des linken Talhangs nach dem Turamverfahren, welches bei der Prospektion von Gang- oder Störungszonen bisher die besten Ergebnisse geliefert hat. Maßgebend für die Anwendbarkeit dieses geoelektrischen Meßverfahrens ist das Vorhandensein von Leitfähigkeitsunterschieden zwischen dem Material in

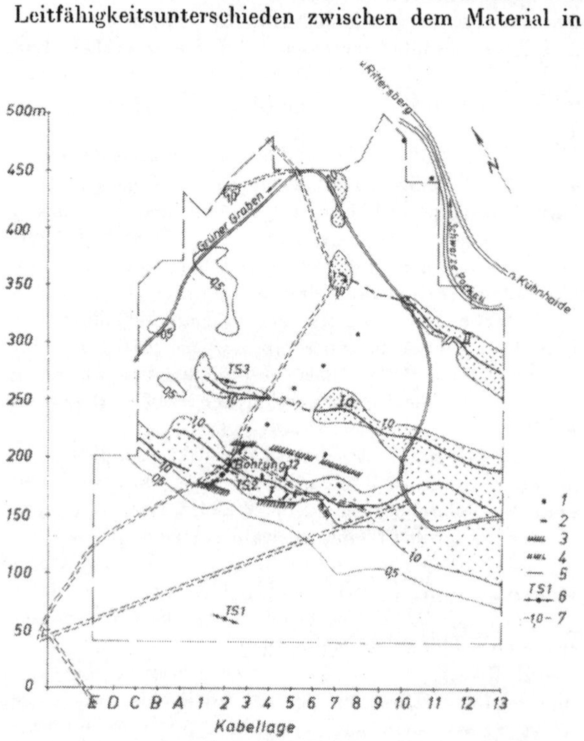

Abb. 3. Talsperre Kühnhaide. Elektromagnetische Messungen. Turamphasendifferenzen

1 - Bohrung, 2 — Schurf, 3 — Störung durch Schurf erschlossen, 4 — ungefähre Lage der Störung, 5 — Kammlinie der Turamindikation, 6 — Tiefensondierung 1, 7 — Phasendifferenz

der Störungszone und dem umgebenden frischen Gneis. Auf Grund seiner stärkeren Kaolinisierung und Wasserführung besitzt der Gneis im Bereich der Störungszone — wie durchgeführte geoelektrische Tiefensondierungen zeigen — einen geringeren spezifischen Widerstand als außerhalb derselben (vgl. Abb. 4, TS 2 mit TS 1 und 3). Deshalb ist ihre Abbildung in den Meßergebnissen möglich. Die in Abb. 3 zu erkennende elektromagnetische Indikation I. (Phasendifferenzenminimum) kann als Ausdruck der bekannten tektonischen Störungszone angesehen werden und erstreckt sich recht genau innerhalb der auf Grund geologischer Beobachtungen angegebenen Begrenzung dieser Störung.

In diesem Zusammenhang sei erwähnt, daß in der geologischen Spezialkarte Blatt Zöblitz im Arbeitsgebiet ein Erzgang kartiert ist, der in Lage und Streichrichtung recht gut mit der tektonischen Störungszone und der Turamindikation I übereinstimmt.

Parallel zur Hauptindikation I verlaufen die beiden Indikationen Ia und II, die ihre Ursache im Auftreten weiterer parallel zur Hauptstörung streichender tektonischer Störungen haben können.

Die Vereinigung von Indikation I und Ia im SE-Teil des untersuchten Gebiets kann mit einer Verbreiterung der bekannten tektonischen Störungszone, wahrscheinlicher aber mit der Anscharung einer zweiten Störung, interpretiert werden. Für letztere Deutungsmöglichkeit spricht das Auftreten zweier getrennter elektromagnetischer Kammlinien in Indikation I und Ia.

Analoge Schlußfolgerungen lassen sich aus den Ergebnissen einer zusätzlich ausgeführten geoelektrischen Widerstandskartierung ziehen. Dabei kommt aber bei diesen Messungen deutlicher als bei den Turammessungen zum Ausdruck, daß die SW-Grenze der bekannten Hauptstörungszone weiter südwestlich zu liegen scheint, als von geologischer Seite vermutet wurde.

Schlußfolgerungen

Die im vorliegenden Fall gegebene Deutung der geophysikalischen Meßergebnisse muß durch weitere ingenieurgeologische Arbeiten überprüft werden. Insbesondere gilt es, die Indikationen Ia und II auf ihre Ursachen zu untersuchen. Werden dabei tatsächlich weitere Parallelstörungen zur bekannten Hauptstörung nachgewiesen, so dürfte das für den Bau der Staumauer von erheblichem Interesse sein.

Beispiel 3: Geoelektrische Potentiallinienkartierung als Hilfsmittel bei der Beurteilung der Unterläufigkeit bestehender Stauanlagen

Vorbemerkungen

Von geologischer Seite werden auf Grund verschiedener Tatsachen Bedenken gegen die Standsicherheit der Staumauer der Talsperre Muldenberg (Vgtld.) geäußert. Aus diesem Grunde laufen seit einiger Zeit Sanierungsarbeiten an der Stauanlage. Für diese Arbeiten ist es u. a. wesentlich, festzustellen, an welchen Stellen eine stärkere Unterläufigkeit der Mauer im Bereich von Zersetzungszonen innerhalb des sich aus Phylliten, phyllitischen Tonschiefern, Hornblendeschiefern und quarzitischen Schiefern zusammensetzenden Baugrunds (Abb. 6) auftritt. Ingenieurgeologische Arbeiten (ECKHARDT 1961) haben vor allem im Ostabschnitt der Sperrmauer starke Zersetzungserscheinungen des Untergrunds, eine hohe Wasserdurchlässigkeit sowie ein Ansteigen des Sohlenwasserdrucks im Ostflügel der Mauer nachgewiesen.

Geoelektrische Untersuchungen und ihr Ergebnis

Zur Unterstützung der ingenieurgeologischen Untersuchungen erfolgte im Vorfeld der Sperrmauer eine flächenhafte geoelektrische Potentiallinienkartierung bei künstlicher Feldanregung (FRÖHLICH 1962). Hierfür wurde zwischen einer wasserseitig an der Sperrmauer in den Stauraum eingebrachten Linienelektrode als Pluspol und einer ca. 600 m nördlich der Mauer aufgebauten Gegenerdungsstelle als Minuspol eine Gleichspannung anlegt.

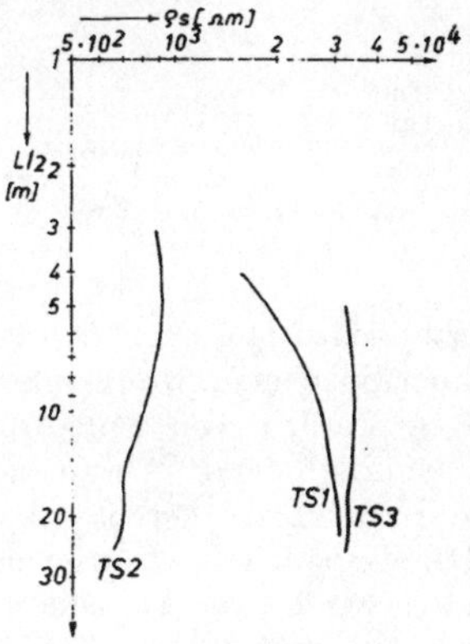

Abb. 4

Da ein bei homogenem, isotropem Untergrund existierendes elektrisches Normalfeld durch Einlagerungen von Inhomogenitäten im Untergrund eine Deformation erfährt, werden z. B. bei einer Einlagerung guter Leitfähigkeit ($\rho_{Einlagerung} < \rho_{Nebengestein}$) die zwischen zwei Linienelektroden verlaufenden Stromlinien in Richtung der gut leitfähigen Einlagerung deformiert. Infolgedessen scheinen die senkrecht auf den Stromlinien stehenden Äquipotentiallinien, deren Form bei dem angewendeten Meßverfahren letztlich untersucht wird, den Störkörper zu umfließen. Ein solches Bild ist als Ergebnis der flächenhaften Potentiallinienkartierung zu erwarten, falls stärker zersetzte wasserdurchlässige Gesteinspartien unter der Mauer der Talsperre Muldenberg auftreten.

Abb. 5 zeigt die Ergebnisse der ingenieurgeophysikalischen Untersuchung. Es ist ersichtlich, daß sich West- und Ostteil des Sperrenvorgeländes in bezug auf das Vorzeichen der gemessenen Potentialdifferenzen unterschiedlich verhalten. Im Westteil und dem meßbaren Abschnitt im Mittelteil des Sperrenvorgeländes konnten einheitlich hohe negative Potentialdifferenzen zwischen — 1500 mV in Mauernähe und — 2500 mV weiter nördlich der Mauer beobachtet werden. Demgegenüber sind im Ostteil der Sperrmauer die höchsten positiven Potentialdifferenzen (> 2500 mV) auf dem der Mauer am nächsten gelegenen Profil 1 gemessen worden. Nach Norden sinken auch hier die ΔV-Werte ab, so daß in der Nordwest- und Nordostecke des übermessenen Ostteils des Sperrenvorgeländes wieder negative Meßwerte auftreten. Das Absinken der gemessenen Potentialdifferenzen geht im Bild der flächenhaften Darstellung der Meßergebnisse gleichlaufend mit einem Ausbiegen der Äquipotentiallinien nach Norden.

Diese Erscheinungen sprechen für eine bessere Leitfähigkeit des Untergrunds im Bereich des Ostteils der Sperrmauer. Besonders dürfte das etwa für den Abschnitt zwischen den Stationen 4 + 00 m und 4 + 70 m auf Profil 1 zutreffen, in dem die höchsten positiven Potentialdifferenzen ermittelt wurden. Es ist deshalb hier mit einer intensiveren Zersetzung und möglicher-

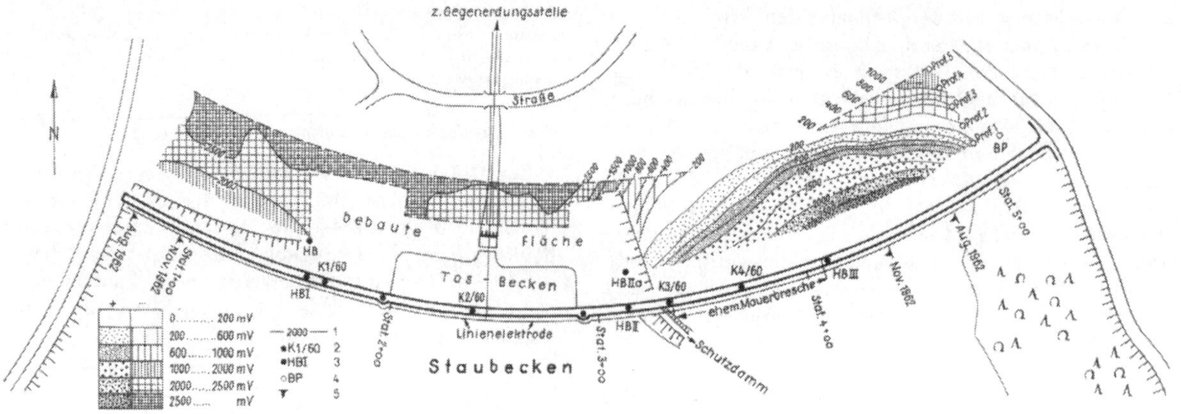

Abb. 5. Geoelektrische Potentiallinienkartierung (nach einem Plan des VEB Ingenieur-Vermessung Karl-Marx-Stadt umgezeichnet)

1 – 2000 mv Äquipotentiallinie, 2 – Kernbohrung, 3 – Hammerbohrung, 4 – Bezugspunkt für die Potentiallinienkartierung, 5 – Stauspiegelgrenze

weise mit einer damit verbundenen stärkeren Durchlässigkeit des Untergrunds der Sperrmauer zu rechnen.

Analoge Schlußfolgerungen wurden von AMBRONN & HOHL (1921) aus den Ergebnissen der 1921 während des Baugrubenaushubs durchgeführten geophysikalischen Arbeiten der ERDA-Gesellschaft, Göttingen, gezogen. Bereits damals traten bei der zur Anwendung gelangten Äquipotentiallinienkartierung Unterschiede im Meßbild zwischen West- und Ostabschnitt des Baugeländes auf. Während sich der westliche Teil des Untersuchungsgebiets „außerordentlich viel ruhiger als das östliche Gebiet verhält", beobachtete man im Ostabschnitt zwischen den Stationen 3 + 70 m bis 3 + 80 m und 4 + 00 m bis 4 + 20 m Deformationen im Äquipotentiallinienverlauf, die mit einer stärkeren Zersetzung und Wasserführung des Untergrunds interpretiert wurden.

eine starke Klüftigkeit des Gebirges in den Hauptrichtungen E—W und N—S beobachtet. Mit dem letztgenannten Kluftsystem dürfte das aus alten Kartierungsunterlagen hervorgehende Auftreten von Quellen beim Baugrubenaushub im Zusammenhang stehen.

Die an den Kern- und Hammerbohrungen durchgeführten WD-Messungen weisen vor allem im Bereich der Hammerbohrgruppe HB III bei Station 4 + 10 m im Ostabschnitt der Mauer auf eine starke Erhöhung der Durchlässigkeitswerte im Vergleich zu den Kernbohrungen K 1/60 bis K 4/60 hin. Während bei den letztgenannten Bohrungen nur in der Sohlfuge die WD-Werte etwa zwischen 8 l/min/m und 18 l/min/m schwankten, sonst aber größtenteils < 5 l/min/m betrugen, lagen sie bei den erwähnten Hammerbohrungen im Bereich des Maximums der gemessenen geoelektrischen Potentialdifferenzen zwei- bis dreimal höher. Durch-

Ingenieurgeologische Untersuchungen und ihr Ergebnis

Wird nun die auf Grund der geophysikalischen Arbeiten gegebene Deutung über die Untergrundverhältnisse den bei der ingenieurgeologischen Bearbeitung erhaltenen Ergebnissen gegenübergestellt, so ist eine recht gute Übereinstimmung in der Aussage dieser beiden Untersuchungsverfahren zu erkennen (Abb. 6).

Wie bereits erwähnt, setzt sich der Baugrund an der Sperrstelle aus verschiedenen Gesteinen zusammen (Abb. 6). Im Westteil stehen Phyllite an, während im Ostteil mehrfach Einlagerungen quarzitischer Schiefer und Hornblendeschiefer im Phyllit auftreten. Dabei neigen insbesondere die Hornblendeschiefer zu intensiverer Zersetzung. Außerdem wurde

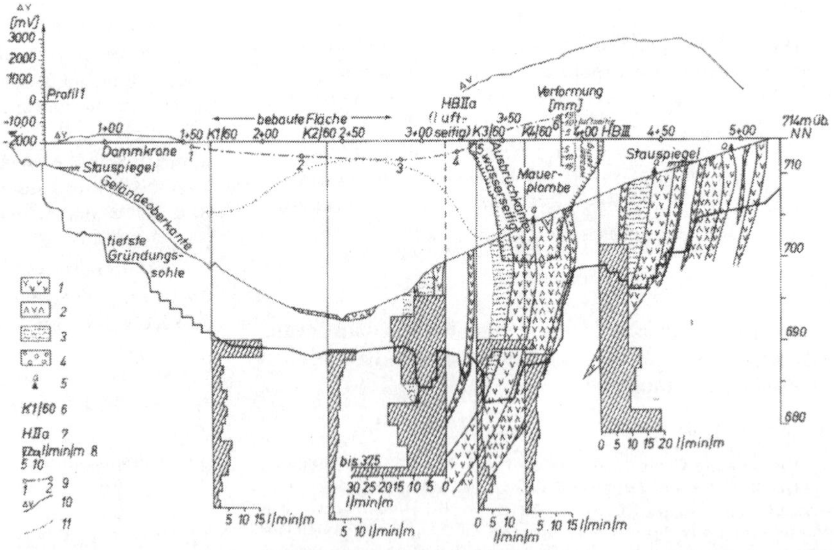

Abb. 6. Talsperre Muldenberg. Längsschnitt Sperrmauer

1 – Hornblendeschiefer, im Phyllit bzw. phyllitischen Tonschiefer; 2 – Hornblendeschiefer chloritisiert, im Phyllit bzw. phyllitischen Tonschiefer, 3 – quarzitische Schiefer im Phyllit bzw. phyllitischen Tonschiefer, 4 – Flußschotter, 5 – Quellaustritte in der ehemaligen Baugrube, 6 – Kernbohrung, 7 Hammerbohrung, 8 – Wasserdurchlässigkeitsprüfung bei 3 atü Druck, 9 – Linie mittlerer bleibender Verformung, bezogen auf die wasserseitige Mauerbegrenzung, 10 – geoelektrische Potentialdifferenzenkurve (Profil 1), 11 – Sohlenwasserdruckhöhe

schnittswerte von etwa 15 l/min/m wurden in den Bohrungen der luftseitig ausgeführten Hammerbohrgruppe HB IIa (etwa bei Station 3 + 15 m) festgestellt. Die hieraus zu folgernde Unterläufigkeit besonders des Ostflügels der Sperrmauer trat bereits sofort nach dem Anstau 1925 in Erscheinung, als im Tosbecken und im Ostteil luftseitig am Mauerfuß Wasseraustritte beobachtet werden konnten. Diese Quellen sind damals nach Angaben des Staumeisters etwa östlich der Station 4 + 00 m aufgetreten und durch Zement verplombt worden. Für eine stärkere Unterläufigkeit im erwähnten Bereich spricht ferner die Tatsache, daß bei geringer Stauhöhe das entstehende Teilbecken zwischen dem zur Reparatur von kriegsbedingten Schäden am Ostflügel der Mauer errichteten Schutzdamm und der eigentlichen Staumauer leerläuft.

Die Auswertung der vorgenommenen Sohlenwasserdruckmessungen ergab, daß der Druck von der Kernbohrung K 1/60 zur Kernbohrung K 2/60 hin ansteigt, danach über die Hammerbohrungen im rechten Grundablaß bis zur Kernbohrung K 3/60 steiler abfällt. Im Ostteil der Sperranlage ist bei der Kernbohrung K 4/60 im Gebiet der hohen positiven Potentialdifferenzen ein rasches Wiederansteigen des Sohlenwasserdrucks zu beobachten.

Etwa parallel hierzu verläuft die Kurve der aus den Alignementsmessungen erhaltenen mittleren bleibenden Verformung der Mauer.

Schlußfolgerungen

Dieser Vergleich der ingenieurgeologischen Arbeitsergebnisse mit denen der ingenieurgeophysikalischen Untersuchungen zeigt die Brauchbarkeit geoelektrischer Meßverfahren auch zur Überprüfung der Baugrundbeschaffenheit bei der Beurteilung der Unterläufigkeit und Standsicherheit bestehender Stauanlagen. In Zukunft sollte man sich deshalb dieses Hilfsmittels zur Bauwerksüberwachung in stärkerem Maße als bisher bedienen. Hierfür empfiehlt es sich, ingenieurgeophysikalische Messungen als periodische Überwachungsarbeiten auf dauerhaft vermarkten Kontrollprofilen nach Fertigstellung sowie beim Betrieb der Stauanlagen vorzunehmen.

Zusammenfassung

Zur Unterstützung ingenieurgeologischer Arbeiten bei der Baugrunduntersuchung für Stauanlagen sind vom VEB Geophysik, Leipzig, in letzter Zeit in steigendem Maße geophysikalische Messungen durchgeführt worden. Hierbei lag das Schwergewicht auf der Anwendung verschiedener geoelektrischer Verfahren.

Anhand von drei Beispielen wird die Einsatzmöglichkeit einiger geoelektrischer Meßmethoden bei der Lösung verschiedener Probleme der Baugrunduntersuchung sowohl für geplante Stauwerke als auch zur Untersuchung des Baugrundes im Bereich bereits bestehender Anlagen dargelegt.

Резюме

С целью поддержки инженерно-геологических работ при исследовании строительного грунта для подпорных сооружений, народное предприятие ,,Геофизика" (г. Лейпциг) в последнее время в возрастающей мере проводило геофизические измерения. Главную долю этих работ занимали различные геоэлектрические способы.

На материале трех примеров освещаются возможности использования некоторых геоэлектрических измерительных методов при решении разных проблем исследования строительного грунта, как для запланированных подпорных сооружений, так и для исследования строительного грунта в пределах уже существущих сооружений.

Summary

Geophysical exploration methods, mainly geoelectric ones, have been increasingly used in recent times by VEB Geophysik, Leipzig, to support engineering-geological works in the soil investigation for dam constructions.

Three examples illustrating their possibility of application to the solution of different soil investigation problems are described for both dam projects and already existing plants.

Literatur

AMBRONN & R. HOHL: Bericht über die Untersuchung der Mulden-Talsperre südlich von Muldenberg. — (Bericht der ERDA-Gesellschaft Göttingen; unveröff.), Sächs. Landeshauptarchiv Dresden, Abt. B/I, Nr. 1/Bd. II (1921).

ECKHARDT: Ingenieurgeologisches Vorgutachten zur Frage der Standsicherheit der Talsperre Muldenberg (Vgtld.). — Archiv VEB Geolog. Erkundung, Freiberg 1961 (unveröff.).

FRÖHLICH, L.: Ergebnisbericht über geoelektrische Untersuchungen an der Talsperre Muldenberg. — Archiv VEB Geophysik, Leipzig 1962 (unveröff.).

— Gutachten über geoelektrische Untersuchungen für das Speicherbecken Bautzen. — Archiv VEB Geophysik, Leipzig 1963 (unveröff.).

HÄNICHEN, H., & JURRAN: Ingenieurgeologisches Vorgutachten zum Standort einer Talsperre im Tal der Schwarzen Pockau bei Kühnhaide. — Archiv VEB Geolog. Erkundung, Freiberg 1961 (unveröff.).

STÖTZNER: Gutachten über geoelektrische Messungen für die Talsperre Kühnhaide. — Archiv VEB Geophysik, Leipzig 1963 (unveröff.).

Erdmagnetische Messungen zur Basalterkundung in der Vorderrhön[1][2]

KLAUS SONNTAG, Leipzig

(Mitteilung aus dem VEB Geophysik, Leipzig)

1. Vorbemerkungen

Ein Beispiel für die Anwendungsmöglichkeiten erdmagnetischer Messungen mit Hilfe von Bandwaagen nach FANSELAU zur Lösung geologischer Spezialprobleme ist die Erkundung von Basaltvorkommen in der Vorderrhön.

Durch die Kohlensäureführung des jungtertiären Vulkanismus und die damit im Zusammenhang stehenden Probleme der Grubensicherheit in den Kalibergwerken des Werra-Kalireviers sowie zum Nachweis von Kohlensäurelagerstätten ergab sich die Notwendigkeit, die bisherigen Kenntnisse über die Basaltvorkommen in der Vorderrhön zu erweitern. Grubenaufschlüsse und Ergebnisse von Tiefbohrungen zeigen hier, daß mit einer größeren Verbreitung der Basalte zu rechnen ist, als durch die frühere geologische Kartierung festgestellt werden konnte.

Die umfangreichen magnetischen Untersuchungen erfolgten auf Anregung der Sozialistischen Arbeitsgemeinschaft ,,Geophysik — Werra" in den Jahren 1960—1963 in der Vorderrhön durch Meßtrupps des VEB Geo-

[1]) Eingang des Manuskripts in der Redaktion: 18. 7. 1964
[2]) Herrn Prof. Dr. GERHARD FANSELAU zur Vollendung seines 60. Lebensjahres am 30. 4. 1964 gewidmet.

physik. Parallel zu diesen spezielleren erdmagnetischen Messungen gelangte die magnetische Landesaufnahme von Südwestthüringen zur Durchführung.

Die Erkundung erstreckte sich im wesentlichen auf den Raum zwischen dem Thüringer Wald und dem Rhöngebirge im südwestlichen Teil der Deutschen Demokratischen Republik. Zahlreiche einzelne Basaltvorkommen des miozänen Vulkanismus durchsetzen hier als nördliche Ausläufer der Rhön die südwestthüringisch-fränkische Triasplatte. Durch Erosionswirkung sind seit dem Tertiär große Teile der mesozoischen Schichten abgetragen worden. An vereinzelten Stellen sind jedoch noch Reste von Basaltdecken im Niveau der ehemaligen tertiären Landoberfläche als Härtlinge erhalten geblieben. Sie bilden morphologisch Kuppen wie den Oechsen, den Dittrichsberg oder den Baier. Die Werra durchzieht von Ost nach West in einem breit angelegten Tal den nördlichen Teil dieses Gebietes der sogenannten Kuppen- oder Vorderrhön.

Infolge des seit etwa 60 Jahren nördlich und südlich der Werra umgehenden Bergbaus auf Kalisalze der Werra-Serie trägt der Untersuchungsraum auch noch die Bezeichnung Werra-Kaligebiet.

Die erdmagnetischen Messungen reichen im N bis Vitzeroda, im E bis etwa Bad Salzungen und im S bis Kaltennordheim, während im W die Staatsgrenze DDR/Westdeutschland den Abschluß bildet. Sie erstrecken sich dabei auf mehr oder weniger große Bereiche der Meßtischblätter Friedewald (5125), Vacha (5126), Bad Salzungen (5127), Geisa (5225), Stadtlengsfeld (5226), Immelborn (5227), Tann (5326) und Oepfershausen (5327).

Nicht spezieller vermessen wurden im allgemeinen die Gebiete, in denen durch die Grubenaufschlüsse hinreichende Kenntnisse über die Verbreitung der Basaltvorkommen vorhanden sind, ebenso wie die Umgebung der basaltführenden Bergkuppen und die Flußtäler mit fluviatilen Basaltschuttanreicherungen.

2. Meßtechnische Angaben

Die erdmagnetischen Messungen im Gebiet der Vorderrhön gelangten in mehreren Etappen zur Durchführung. Im Jahre 1960 erfolgte in den Sommermonaten unter der Leitung von H. BUNZLER die regionale magnetische Landesaufnahme SW-Thüringens. Im gleichen Jahre begannen die ersten magnetischen Übersichts- und Spezialmessungen, die in den folgenden drei Jahren jeweils in den Sommer- und Herbstmonaten fortgesetzt wurden. Die Leitung der Vermessung lag in den Händen von H. POHLERS, G. ADLER und K. SONNTAG.

Die Anlage der Messungen erfolgte je nach dem Ziel der Untersuchungen mit einem unterschiedlichen Meßpunkt- und Profilnetz.

Die Regionalmessungen sollten zunächst einen allgemeinen Überblick über die magnetische Feldverteilung schaffen und erste Hinweise auf unbekannte größere Basaltvorkommen liefern. Die Meßpunkte wurden unter Ausnutzung des Straßen- und Wegenetzes gleichmäßig flächenhaft mit Abständen von etwa 200—300 m über das Untersuchungsgebiet verteilt. Meßpunktverdichtungen wurden verschiedentlich an geologisch interessanten Stellen vorgenommen.

Mit den Übersichtsmessungen begann dann ein systematisches Abtasten ausgewählter Flächen von jeweils einigen Quadratkilometer Größe, wobei die Messungen auf Profilen, entlang von Wegen zur Durchführung gelangten. Der Abstand der etwa E—W verlaufenden Profile lag bei 150—300 m Entfernung, der Meßpunktabstand bei 3—5 m. An den Stellen, wo aufgefundene Anomalien Anhaltspunkte für Basaltvorkommen ergaben, wurden ergänzende Testmessungen auf kurzen Parallelprofilen vorgenommen.

Die Spezialmessungen wurden im Bereich geologisch kartierter Basaltvorkommen bzw. magnetischer Anomalien, die durch die vorhergehenden Untersuchungen der Regional- und Übersichtsmessungen erfaßt worden waren, angesetzt. Für die Festlegung des Profilabstandes war die Größe des zu untersuchenden Objektes maßgebend. Meist genügten einige Profile im Abstand von 20 m Entfernung, um nähere Angaben über die Verbreitung der magnetischen Störung zu erhalten. Der Meßpunktabstand betrug im allgemeinen 3—5 m; lediglich bei ausgedehnteren Anomalien genügten 10 m Entfernung. In vielen Fällen war es jedoch erforderlich, die Spezialmessungen in flächenhafter Form durchzuführen, um bei Vorliegen oberflächennaher störender Einflüsse wie Basaltblöcke überhaupt die magnetische Wirkung von Basaltvorkommen erkennen zu können.

3. Ergebnisse der erdmagnetischen Messungen

Um Kenntnis über die Größe der Magnetisierung von Gesteinen der Vorderrhön zu erhalten, wurden an Gesteinsproben Suszeptibilitätsbestimmungen durch Messung der Ablenkung an der Bandwaage durchgeführt. Die Basalte ergaben im Untersuchungsgebiet die allgemein bekannten hohen Suszeptibilitätswerte. Sie lagen im Mittel bei $\varkappa = 4600 \cdot 10^{-6}$ und wiesen eine große Streuung von 300 bis $33000 \cdot 10^{-6}$ auf. Die Gesteine des Muschelkalks, des Buntsandsteins und des Zechsteins besitzen hingegen nur eine sehr geringe Suszeptibilität.

Auf Grund dieser Suszeptibilitätsverhältnisse erzeugen die Basalte in der fast unmagnetisch wirkenden Umgebung magnetische Anomalien. Durch die Erdfeldinduktion sind diese Anomalien im Bereich der Vorderrhön im allgemeinen positiv. Infolge der bei Basalten örtlich auftretenden, von der Richtung des heutigen Erdfeldes abweichenden Eigenmagnetisierung sind über den Störkörpern vereinzelt auch negative Anomalien zu beobachten.

Außer der unterschiedlichen Magnetisierung der Basalte wirken noch die Größe und Art des Vorkommens bestimmend auf die Form der magnetischen Anomalien. Der Basalt kann als Gang, Schlot, Decke oder in Blöcken auftreten. Je nach der Art des Vorkommens erhält man unterschiedliche Anomalien.

Basaltgänge, die fast bis an die Oberfläche reichen, verursachen langgestreckte, schmale Anomalien. Die Breite der Anomalie richtet sich nach der Breite des Basaltganges; sie kann in der Größenordnung von nur wenigen bis zu 30 oder mehr Metern liegen.

Basaltschlote äußern sich im Vergleich zu den Basaltgängen als größere, breitere Anomalien (Einzel- oder Dipol) von kreisförmiger oder elliptischer Ausbildung.

Der dritte Typ, die Basaltdecken, rufen auf Grund der meist gestörten Lagerungsverhältnisse der an der Oberfläche liegenden Basaltblöcke im magnetischen Bild ein unruhiges Störgepräge hervor, wobei sich jedoch eine größere, einheitliche Anomalie abzeichnen kann.

Die Basaltblöcke zeigen ein dem Typ der Basaltdecken ähnliches Verhalten. Über Basaltblockanreicherungen ändern sich die Meßwerte innerhalb weniger Meter. Die Anomalien zeichnen sich als Dipole mit regellosen Achsenrichtungen ab, da die Blöcke ebenfalls ihre ursprüngliche Lagerungsform eingebüßt haben.

Wie die mehrjährigen Untersuchungen in der Vorderrhön gezeigt haben, ergeben sich Schwierigkeiten für die Nachweisbarkeit von Basaltvorkommen in solchen Gebieten, wo Gänge oder Schlote mit kleinem Durchmesser von Basaltgeröllen überlagert werden. Nur in wenigen Fällen gelang es, durch engmaschige flächenhafte Messungen die bevorzugte N—S-Richtung im Isanomalenbild zu erhalten und auf das Vorhandensein eines Basaltgangs zu schließen.

Dem Untersuchungsziel, nach Möglichkeit alle unbekannten, verdeckten Basaltvorkommen zu erfassen, sind durch solche störenden Einflüsse von vornherein gewisse Grenzen gesetzt. Ebenso dürfte es kaum möglich sein, geringmächtige Basaltgänge von nur einigen Dezimeter Breite oder in der Tiefe steckengebliebene Basaltgänge an der Oberfläche nachzuweisen. Eine Auswertung der in der Literatur angeführten Mächtigkeitsangaben von über- und untertägig in der Vorderrhön aufgeschlossenen Basaltgängen lieferte in 22 Fällen einen Mittelwert von 0,7 m (DIETZ 1928, FÜRSTE & WINTER 1957, HOPPE 1960, NAUMANN 1914 und 1915, VOGELSANG 1957, v. KOENEN, BÜCKING & FULDA 1925).

Um Kenntnis über die Wirkung eines solchen geringmächtigen Basaltganges in der Vorderrhön zu erhalten, wurden Testmessungen über einem von NAUMANN (1915) beschriebenen, 0,85 m breiten Gang am Nordstoß des Bahneinschnitts der ehemaligen Strecke Wenigentaft—Oechsen durchgeführt. Sie ergaben eine maximale Amplitude von 85 γ. Dabei war es notwendig, mit einem Meter Punktabstand zu messen, um dieses Ergebnis zu erzielen.

KUTSCHER (1957) erhielt bei magnetischen Messungen östlich von Dietges in der kuppenreichen Rhön (Mbl. Kleinsassen, 5425) eine auffällig schmale, langgestreckte erdmagnetische Anomalie über einer mit Basalt erfüllten Spalte. Die Anomalie ließ sich etwa 500 m lang von N—S bis NNE—SSW gerichtet mit Störwerten von 75—250 γ verfolgen. Mächtigkeitsangaben über diesen Basaltgang fehlen.

Als Ergebnis der erdmagnetischen Regionalvermessung des südwestthüringischen Gebietes konnten viele kleinräumige Störungen festgestellt und wertvolle Hinweise auf die Basaltverbreitung gegeben werden. Das Regionalbild weist ohne diese örtlichen Störungen im allgemeinen einen relativ ruhigen Verlauf auf. Stärkere Wirkungen des kristallinen Untergrundes in Form größerer regionaler Anomalien, wie sie aus dem angrenzenden Bereich des Ruhlaer Sattels bzw. der kristallinen Schwelle Mitteldeutschlands bekannt sind, fehlen. Lediglich eine breit angelegte, negative Zone von mehreren Kilometer Ausdehnung zieht sich in NE—SW-Richtung quer über das Gebiet der Vorderrhön. Sie bildet die südwestliche Fortsetzung der v. ZWERGERschen „Marksuhler Senke" (v. ZWERGER 1934, LAUTERBACH 1953/1954).

Die örtlichen magnetischen Störungen sind sowohl als Minima, Maxima oder auch als Dipole mit wechselnder Pollage erfaßt worden. Vergleiche zwischen geologisch kartierten Basaltvorkommen und diesen Anomalien ergaben in den meisten Fällen eine gute Übereinstimmung. Jedoch konnte dem Anomalienbild eine weitaus größere Verbreitung von Basaltmaterial entnommen werden, da sich die mit Blöcken übersäten Gebiete ebenfalls magnetisch abzeichnen. Beachtenswert für die späteren Spezialmessungen würden solche magnetischen Anomalien sein, in deren Nähe das Vorhandensein von Basaltschuttanreicherungen oder anstehendem Basalt in den geologischen Spezialblättern nicht verzeichnet war.

In Abb. 1 wird der Versuch unternommen, die mit Hilfe erdmagnetischer Messungen erzielten verbesserten Kenntnisse über die Verbreitung von Basaltvorkommen in der Vorderrhön skizzenhaft darzustellen. In dieser Karte finden die durch Basalte verursachten Anomalien neben den geologisch kartierten, oberflächennahen Basaltvorkommen Berücksichtigung. Der vom Untersuchungsgebiet gezeigte Ausschnitt umfaßt die Meßtischblätter Vacha und Stadtlengsfeld sowie Teile von Friedewald, Geisa, Bad Salzungen und Immelborn.

Das magnetische Bild läßt Anomalien sowohl vom Typ eines Eruptionszentrums als auch vom Typ eines Ganges erkennen. So zeigen sich über mehrere Kilometer zu verfolgende Anomalienzüge, die mit ihrer allgemeinen N—S-Erstreckung die rhenotype Tektonik widerspiegeln, während sich zwanglos bekannte Basaltschlote in das tektonische Gefüge einpassen. Diese Anomalienzüge können als sogenannte „Basaltlinien" aufgefaßt werden, d. h. als tektonische Schwächezonen, in die das Magma auf präexistierenden Spalten empordringen konnte.

Auf ähnliche Basaltlinien wies früher DIETZ (1928) in seiner Struktur- und Flözkarte zur geologischen Übersichtskarte des Werra-Kaligebiets hin. Jedoch lagen seinen Vorstellungen mehr oder weniger nur Vermutungen über mögliche unterirdische, gangartige Verbindungen zwischen einzelnen Basaltschloten, wie auf der Linie vom Dietrichsberg zum Oechsen und von da abgebogen in NNE-Richtung über die Schlotbrekzie von Oberzella nach Vitzeroda, wo die Hauptspalte wieder mit kompaktem Basalt erfüllt sein soll, zugrunde. Die nunmehr vorliegenden Ergebnisse der erdmagnetischen Übersichts- und Spezialmessungen deuten in diesem Falle eine andere, die N—S-Richtung an, so daß sich auch im Hinblick auf das tektonische Geschehen neue Gesichtspunkte aus der magnetischen Karte ableiten lassen.

Im folgenden sollen einige dieser Basaltlinien beschrieben werden.

Basaltlinie Wiesenthal—Urnshausen—Hohleborn

Im Raum zwischen dem Roßberg südöstlich Wiesenthal (Mbl. Oepfershausen) und dem Maselbacher Berg südlich Hohleborn (Mbl. Immelborn) konnte eine Folge N—S gerichteter magnetischer Anomalien mit einer Gesamterstreckung von 10,5 km Länge beobachtet werden. Diese Folge wird als die Basaltlinie von Wiesenthal—Urnshausen—Hohleborn bezeichnet. Sie besteht aus drei gegeneinander versetzten Anomalienzügen. Als Ursache der schmalen, langgestreckten Anomalien sind bis fast an die Oberfläche reichende Basaltgänge anzu-

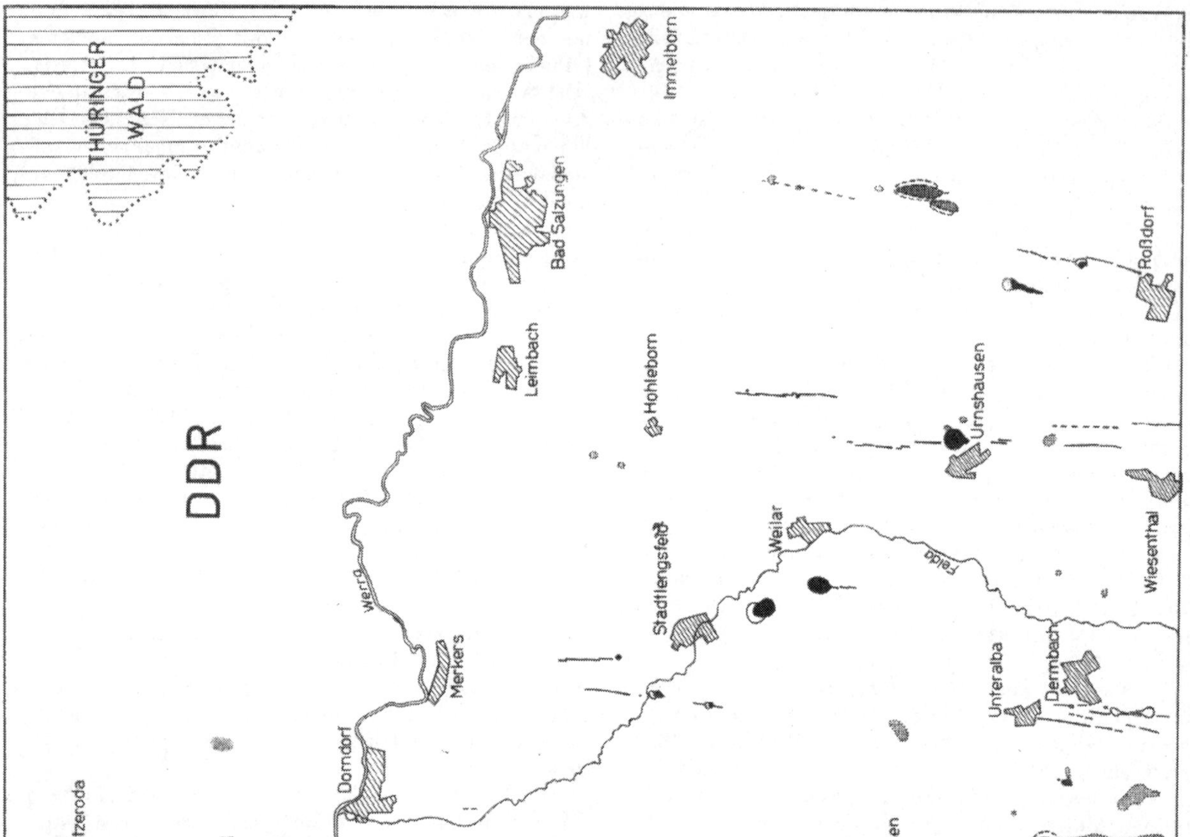

Abb. 1. Verbreitung von Basaltvorkommen in der Vorderrhön

1 — geologisch kartierte Basaltvorkommen, 2 — magnetisch nachgewiesene Basaltvorkommen, 3 — ungefähre Lage magnetisch nachgewiesener Basaltvorkommen

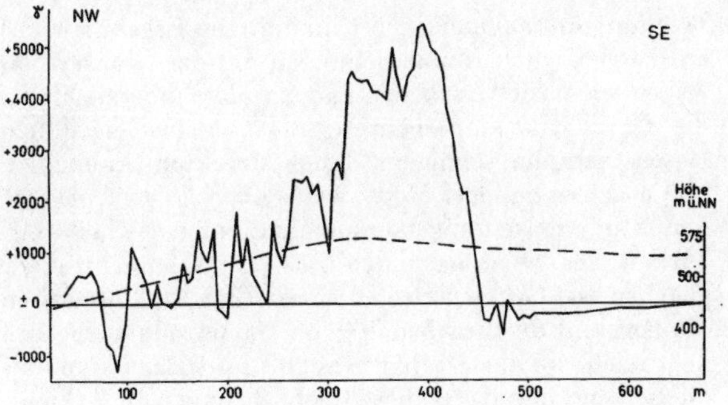

Abb. 2. ΔZ-Profil über Basaltvorkommen „Der Horn", Mbl. Immelborn

sehen, während zwei größere kreisförmige Anomalien Reste ehemaliger Eruptionszentren widerspiegeln.

Im mittleren Bereich der Basaltlinie befindet sich die Bergkuppe des Horn mit Basalt auf Muschelkalkschichten. Zur Klärung der Frage, ob der Hornbasalt als Schlot oder als Deckenrest vorliegt, wurde ein NW—SE-Profil über die Bergkuppe gemessen. Die magnetische Vermessung ergab eine breitere positive Anomalie mit sehr hohen Störwerten zwischen 4000 bis 5500 γ (Abb. 2), als deren Ursache ein Schlot angenommen werden kann. Hangabwärts im NW weist das unruhige Störgepräge auf größere Basaltschuttanreicherungen hin, während die Basaltverbreitung nach SE nicht weiter über die Grenze des kartierten Basalts hinausgeht.

Etwa 2 km nördlich des Hornbasalts wurde eine größere positive Anomalie bei Urnshausen ermittelt. Die Störwerte übersteigen im Zentrum 700 γ. Nach der früheren geologischen Aufnahme (H. EMMERICH & H. BÜCKING 1889) lag hier ein innerhalb des mittleren Buntsandsteins isoliertes Muschelkalkvorkommen vor, dessen Vorhandensein als kleinere Scholleneinsenkung infolge von Zechsteinablaugungsvorgängen in der Nähe der Urnshäuser Störung erklärt wurde. 1955 fand LÜTZNER im Rahmen der Neukartierung bisher unbekanntes Schlotbrekzienmaterial. Erst durch die magnetischen Messungen konnte eindeutig der Nachweis erbracht werden, daß hier ein Basaltschlot vorliegt. Die Brekzien- und Muschelkalkreste deuten auf den tiefer angeschnittenen Teil eines ehemaligen Schlottrichters hin.

Dieses Beispiel zeigt, daß die früher bei der geologischen Kartierung problematisch erschienene Unterscheidung, ob kleinere Scholleneinsenkungen vulkanischen, tektonischen oder Auslaugungsvorgängen im Zechstein zuzurechnen sind (HUMMEL 1929), mit Hilfe erdmagnetischer Messungen leicht möglich ist.

Ein ähnlicher Fall ist aus dem südlichen Abschnitt der Basaltlinie Wiesenthal—Urnshausen—Hohleborn zu verzeichnen. Unmittelbar südlich vom Vorwerk Roßdorf (Mbl. Immelborn) sind „abgerutschte Muschelkalkmassen" im Buntsandstein kartiert worden. Die Regionalvermessung ergab höhere Störwerte, so daß eine Spezialuntersuchung angesetzt werden konnte. Das Ergebnis war eine größere, nahezu kreisförmige Anomalie mit Störwerten über 1000 γ. Die positive Anomalie wird von einem ausgedehnten Minimum mit Werten bis —200 γ begleitet. Nach S erstrecken sich die schmalen, langgestreckten Anomalien in Richtung Roßberg, in dessen Nähe ihr Nachweis infolge von Basaltschuttüberrollung unsicher wird.

Den nördlichen Abschnitt der Basaltlinie von Wiesenthal—Urnshausen—Hohleborn bildet ein ca. 2 km langer Anomalienzug, der etwa einen Kilometer östlich der Hauptförderzone des basaltischen Materials (Hornbasalt und Schlotbrekzie von Urnshausen) im Bereich des Frohnberges südöstlich von Hohleborn einsetzt. Die schmalen, langgestreckten positiven Anomalien streichen generell N—S. Unmittelbar am Frohnberg weist eine kleine kreisförmige Anomalie auf einen Basaltstiel innerhalb des Basaltgangzuges hin. Die etwa 250 m davon entfernt niedergebrachte Bohrung Langenfeld II (Nr. 136 nach DIETZ 1928) hatte in der Tiefe zweimal Basalt nachgewiesen.

Abb. 3 zeigt einen Ausschnitt aus diesem Anomalienzug mit einer im Gebiet der Vorderrhön an fast allen Basaltgängen zu beobachtenden, typischen tektonischen Erscheinung. Einzelne Anomalien lassen sich nur wenige hundert Meter weit verfolgen, dann werden sie von einer parallel versetzten Anomalie abgelöst. Die Streichrichtung der einzelnen Anomalien weicht dabei im allgemeinen geringfügig von der Generalstreichrichtung des Anomalienzuges ab. Ähnliche Verhältnisse zeigt die bekannte Gangschar von Heldburg (CARLÉ 1952).

Eine Erweiterung erfährt die Basaltlinie im N durch die beiden Basaltvorkommen nordwestlich von Hohle-

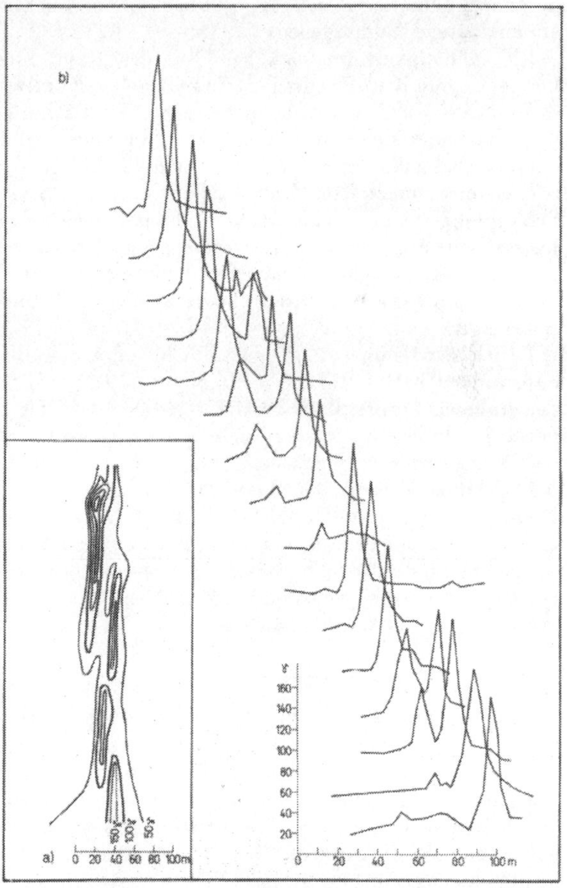

Abb. 3. Ausschnitt vom Basaltgangzug südlich Hohleborn, Mbl. Immelborn

a – (links unten) ΔZ-Isoliniendarstellung, b – ΔZ-Profildarstellung

born, den Kleinen und den Großen Hundskopf, das Kohlesäurefeld Bernhardshall (DITTRICH 1960) sowie die untertägig im Schacht Salzungen der ehemaligen Kaligrube „Heldburg“ angefahrenen Basaltgänge (NAUMANN 1910). Ungeklärt bleibt der Zusammenhang zwischen diesen Basalten untereinander und mit den durch die magnetischen Messungen weiter südlich aufgefundenen N—S verlaufenden Basaltgängen. Nach DITTRICH (1960) sitzen der Große und Kleine Hundskopf offensichtlich auf einer gemeinsamen, ca. 20° streichenden Förderspalte, die sich weiter nördlich in den Grubenbauen des Schachtes Salzungen als Basaltgang verfolgen läßt.

Basaltlinie Unteralba—Dermbach

Im Raum südlich Unteralba gelang der Nachweis mehrerer, parallel verlaufender Basaltgänge. Ihre Streichrichtung weicht von der N—S-Richtung um einige Grad nach NE ab. Dies steht im Widerspruch zu dem früher hier geologisch kartierten Basaltgang am Karl-Friedrich-Stein südwestlich von Dermbach, der einen NNW gerichteten Verlauf aufweisen sollte. Die Ursache des Widerspruchs ist möglicherweise darin zu sehen, daß bei der geologischen Oberflächenkartierung Aufschlüsse aus zwei getrennt existierenden Basaltspalten miteinander verbunden wurden, während die erdmagnetischen Spezialmessungen auch die verborgen liegenden Teile der Basaltgänge abzeichnen und somit ein eindeutiges Bild ergeben.

Die Mächtigkeit im südlichen Teil des Basaltvorkommens vom Karl-Friedrich-Stein soll nach v. KOENEN & BÜCKING (1926) bis zu 50 m betragen. Als Gesteinsmaterial findet sich eine Schlotbrekzie, die vorwiegend aus Muschelkalkbrocken und untergeordnet aus einem tuffartigen Bindemittel besteht. Im Bereich dieser Schlotbrekzie wurde eine größere, breitere, negative magnetische Anomalie mit Störwerten größer als $-250\,\gamma$ erhalten. Gangartige Fortsetzungen mit gleicher anomaler Magnetisierungsrichtung lassen sich nach N und S verfolgen.

Es ist anzunehmen, daß die südlich von Unteralba aufgefundenen Basaltgänge nach N aushalten. Infolge der größeren Verbreitung von Basaltgeröllen des Baiers nördlich Unteralba ergaben sich Schwierigkeiten bei der Deutung der magnetischen Ergebnisse, so daß über den genauen Verlauf der Basaltgänge nach N nichts Näheres bekannt ist. Es sei lediglich der Hinweis auf die schmalen, langgestreckten, magnetischen Anomalien im Raum Stadtlengsfeld—Menzengraben—Merkers gestattet, die möglicherweise als zur gleichen Basaltlinie gehörig aufgefaßt werden können.

Basaltlinie Martinroda—Vitzeroda

Zwischen den Schlotbrekzienvorkommen von Martinroda und Vitzeroda konnten mehrere schmale, langgestreckte, positive Anomalien ermittelt und somit der Zusammenhang geklärt werden. Beide Vorkommen sitzen demnach auf einer Basaltspalte. Hingegen ergeben sich keine Anzeichen für die von DIETZ (1928) geäußerten Vermutungen einer NE—SW streichenden Linie zwischen dem Dietrichsberg und Vitzeroda.

Die Basaltlinie Martinroda—Vitzeroda weist bei Dietlas—Dorndorf eine etwa 3 km betragende Unterbrechung im magnetischen Bild auf. Die Ergebnisse der erdmagnetischen Untersuchungen in der Vorderrhön zeigen wiederholt, daß das Magma nicht überall bis an die Oberfläche emporgedrungen ist. In vielen Fällen lassen sich die schmalen, langgestreckten Anomalien nur mehrere hundert Meter weit gut verfolgen, bis ihre Amplitude so weit abgenommen hat, daß eine Nachweisbarkeit des tiefer liegenden Basaltganges nicht mehr gegeben ist. Grubenaufschlüsse westlich Dietlas weisen die Existenz der Bruchspalte von Martinroda auch noch dort nach, wo das Magma nicht bis ins Salzgebirge aufstieg. Somit bestätigen diese Beobachtungen die Ansicht, daß ein tektonischer Zusammenhang zwischen den südlich und den nördlich der Werra aufgefundenen Basaltgängen im Bereich der Basaltlinie Martinroda—Vitzeroda besteht.

Inwieweit sich diese Basaltlinie nach S fortsetzt und welche Zusammenhänge sich mit der kohlensäureführenden Bohrung Schorngraben (DITTRICH 1960) sowie den weiter rhöneinwärts liegenden Basaltvorkommen, wie dem Oechsen, dem Bilstenstein, dem Schorn u. a., ergeben, bleibt vorerst ungeklärt.

4. Die Basaltverbreitung in der Vorderrhön

Die oben dargelegten Ergebnisse der erdmagnetischen Messungen bestätigen, daß in der Vorderrhön eine weitaus größere Verbreitung der Gesteine des miozänen Basaltvulkanismus vorhanden ist, als durch die geologische Oberflächenkartierung erkannt werden konnte.

Im Bereich der etwa 160 km² großen, durch erdmagnetische Übersichts- und Spezialmessungen untersuchten Flächen wurden Basaltgänge mit einer Gesamterstreckung von ca. 28 km Länge und 27 neue, meist kleinere Basaltschlote aufgefunden; 23 bekannte Basaltvorkommen wurden magnetisch näher untersucht, um ihre Lage und Ausdehnung genauer zu ermitteln.

Weiterhin gelang es, durch Zusammenfassung von Anomalienzügen sogenannte „Basaltlinien“ zu konstruieren und festzulegen. Außer den hier diskutierten sei noch auf die Basaltlinien von Roßdorf—Pleßberg (Mbl. Immelborn) und Hubenberg—Pferdsdorf (Mbl. Geisa) hingewiesen.

Literatur

BUNZLER, H.: Ergebnisbericht über erdmagnetische Untersuchungen im Gebiet SW-Thüringen. — Arch.-Unterl., VEB Geophysik, Leipzig 1962.

CARLÉ, W.: Die Hegau—Heldburg-Zone, ein rheinisch streichendes Lineament in Süddeutschland. — Jb. Geol. Abt. Württemb. Statistischen Landesamtes, 2 (1952).

DIETZ, C.: Die Salzlagerstätten des Werra-Kaligebietes. — Arch. Lagerstättenforsch., 40, Berlin 1928.

DITTRICH, E.: Kohlensäure-Erkundung in der Vorderrhön. — Z. angew. Geol., 6, 6, Berlin 1960.

EMMERICH, H., & H. BÜCKING: Erläuterungen zur Geologischen Spezialkarte von Preußen, Blatt Altenbreitungen. — Kgl. preuß. geol. Landesanst., Berlin 1889.

FÜRSTE, R., & U. WINTER: Über Zusammenhänge zwischen Basalten, Vertaubungen und Kohlensäurevorkommen auf dem Kaliwerk „Ernst Thälmann“ und über Möglichkeiten ihres geophysikalischen Nachweises. — Bergbautechnik, H. 7 (1957).

HOPPE, W.: Die Kali- und Steinsalzlagerstätten des Zechsteins in der Deutschen Demokratischen Republik. Teil 1: Das Werra-Gebiet. — Freiberger Forsch.-H., C 97/1 (1960).

HUMMEL, K.: Die tektonische Entwicklung eines Schollengebirgslandes (Vogelsberg und Rhön). — Fortschr. Geol. u. Paläont., VIII, 24 (1929).

KOENEN, E. v., H. BÜCKING & E. DIETZ: Erläuterungen zur Geologischen Karte von Preußen, Blatt Lengsfeld. — Preuß. geol. Landesanst., Berlin 1926.

KOENEN, E. v., H. BÜCKING & E. FULDA: Erläuterungen zur Geologischen Karte von Preußen, Blatt Vacha. — Preuß. geol. Landesanst., Berlin 1925.

KUTSCHER, F.: Angewandte erdmagnetische Messungen in Hessen. 5. Verfolgung einer Basaltspalte bei Dietges in der Rhön (Blatt Kleinsassen, Nr. 5425). – Notizbl. hess. Landesamt Bodenforsch., 85 (1957).
LAUTERBACH, R.: Beiträge zur tektonischen Deutung der geomagnetischen Übersichtskarte der Deutschen Demokratischen Republik. – Wiss. Z. Karl-Marx-Univ., math.-naturwiss. R., H. 3, (1953/1954).
LÜTZNER, H.: Die Urnshäuser Störung und die Frage ihrer Fortsetzung bis zur Schachtanlage Menzengraben. – Unveröff. Dipl.-Arb., Jena 1955.
NAUMANN, E.: Basaltvorkommen im Salzlager des Schachtes der Gewerkschaft Heldburg. – Z. geol. Ges., Mitt. (1910).
– Über einige vulkanische Erscheinungen im Werratale. – Jb. kgl. preuß. Landesanst. f. 1912, 33, Berlin 1914.
– Über zwei neue Vorkommen von Basalten in Gangform bei Dermbach und Dankmarshausen a. d. Werra. – Z. geol. Ges. f. 1914, 66 (1915).
POHLERS, H.: Ergebnisbericht über erdmagnetische Erkundung: Vorderrhön II und Werra-Gebiet II. – Arch.-Unterl., VEB Geophysik, Leipzig 1963.
SONNTAG, K.: Ergebnisbericht über erdmagnetische Untersuchungen im Gebiet Vorderrhön. – Arch.-Unterl., VEB Geophysik, Leipzig 1961.
– Ergebnisbericht über erdmagnetische Erkundung: Werra-Gebiet. – Arch.-Unterl., VEB Geophysik, Leipzig 1962.
– Ergebnisbericht über erdmagnetische Erkundung: Vorderrhön III. – Arch.-Unterl., VEB Geophysik, Leipzig 1964.
VOGELSANG, D.: Beziehungen zwischen Eigenmagnetisierung und dem Gefüge von Eruptivgesteinskörpern. – Notizbl. hess. Landesamt Bodenforsch., 85 (1957).
ZWERGER, R. v.: Tektonik, Anomalien des Erdmagnetismus und Erdölhöffigkeit in Mitteldeutschland. – Kali, 28 (1934).

Die Standardgesteinsproben des ZGI[1)]

HANS GRASSMANN, Berlin

(Mitteilung aus dem Zentralen Geologischen Institut, Berlin)

Standardproben gewinnen auf allen Gebieten der Technik und Wissenschaft zunehmende Bedeutung. Sie dienen als Vergleichs-, Bezugs- und Kontrollmaterial u. a. bei der Prüfung neuer Methoden, bei der Einarbeitung von Analytikern und vor allem zur Prüfung der Vergleichbarkeit von in verschiedenen Laboratorien durchgeführten Analysen. Seit etwa drei Jahren bemüht sich in der DDR das Deutsche Amt für Material- und Warenprüfung (DAMW) um die Herstellung von „Normalproben" von typischen Erzen und Erzkonzentraten. Diese Arbeiten sind im Gegensatz zu der Herstellung von Metall- und Legierungsstandards noch nicht weit vorangekommen.

Auf dem engeren Gebiet der Geologie und der Geochemie existieren als in größerer Menge hergestellte und allgemein bekannte Standardproben der Granit G–1 und der Diabas W–1 des US Geological Survey. Diese Proben sind in den vergangenen Jahren Gegenstand fortdauernder Untersuchung und Anwendung in aller Welt gewesen.

Bei uns sind diese Proben schwer erhältlich. Das liegt nicht zuletzt daran, daß verhältnismäßig kleine Mengen, nämlich nur 50 bzw. 100 kg davon hergestellt worden sind. Im Zentralen Geologischen Institut (ZGI) wurde im Jahre 1961 der Beschluß gefaßt und später auch in den Plan Neue Technik aufgenommen, eigene Gesteinsstandardproben herzustellen. Diese Proben sollen auch als Grundmaterial für die Herstellung synthetischer Eichproben für die Spektralanalyse auf natürlicher Basis dienen.

Der Entschluß, ernstlich an die Aufgabe heranzugehen und ihre Durchführung durch Aufnahme in den offiziellen Arbeitsplan des Instituts zu ermöglichen, ist der Initiative von Herrn Dr. TISCHENDORF, damaligem Direktor des ZGI, zu verdanken.

Für die Vorbereitung der Arbeit wurde ein Arbeitskreis gebildet, in dem außer Instituten und Betrieben der ehem. Staatlichen Geologischen Kommission auch das Institut für Mineralogie und Lagerstättenlehre der Bergakademie Freiberg und das Forschungsinstitut für NE-Metalle vertreten waren.

Die Konzeption ging von vornherein dahin, unsere Proben in solcher Menge herzustellen, daß der Bedarf aller sozialistischen Länder auf viele Jahre hinaus gedeckt sein würde. Mehrere hundert Kilogramm von jeder Probe waren daher das Ziel, obwohl man sich darüber klar war, daß die Homogenisierung solcher Mengen eine große und schwierige Arbeit sein würde. Unter Würdigung dieses Gesichtspunktes wurde die ursprünglich gehegte Vorstellung aufgegeben, daß die einzelnen Proben ein bestimmtes Gestein in seiner in situ vorhandenen Zusammensetzung in jeder Beziehung genauestens repräsentieren müßten. Bei dieser Forderung hätten Maßnahmen zur Verhinderung des Hinzutretens von Material aus den Aufbereitungsgeräten – insbesondere Eisen, aber auch Spurenelemente – getroffen werden müssen, die zeit- und finanzökonomisch nicht zu vertreten gewesen wären. Als wichtigste und entscheidende Forderung blieb die der Homogenität des fertigen Gesteinspulvers.

Bei der Auswahl der Gesteine war der Gedanke maßgebend, daß mindestens ein saures und ein basisches Erstarrungsgestein und zwei häufig vorkommende Sedimentgesteine vertreten sein müßten, letztere im Hinblick auf das zunehmende Interesse an sedimentären Bildungen in der Grundlagenforschung und in der angewandten Geologie. So wurde beschlossen, einen Granit, einen Diabas oder Basalt, einen Tonschiefer und einen Kalkstein zu nehmen.

Bei der engeren Wahl des Materials bzw. der Entnahmeorte war erster Gesichtspunkt eine möglichst gleichförmige petrographische Ausbildung der Gesteinspartien, um die spätere Homogenisierung nicht unnötig zu erschweren. Weiter waren das Vorhandensein eines industriellen Abbaus mit Grobzerkleinerungsanlage und die Bereitwilligkeit des Betriebes, das Material aus einer als besonders gleichförmig befundenen Partie gesondert zu fördern, ausschlaggebend. Wegen Nichtzutreffens der einen oder anderen dieser Voraussetzungen mußte in einem Falle das ursprünglich vorgesehene Vorkommen aufgegeben und in einem anderen Falle die bereits durchgeführte Probenahme an anderer Stelle wiederholt werden.[2)]

Im folgenden soll eine kurzgefaßte Charakterisierung der schließlich ausgewählten Gesteine gegeben werden.

Bei dem „Riesenstein"-Granit von Meißen handelt es sich nach der Beschreibung von Herrn Dr. PFEIFFER, Freiberg, um ein recht gleichförmiges, grob- bis mittelkörniges Gestein mit den Hauptgemengteilen Plagioklas, Kalifeldspat und Quarz. Außerdem sind Zirkon, Apatit,

[1)] Eingang des Manuskripts in der Redaktion: 23. 6. 1964
Vortrag, gehalten auf dem 19. Treffen der Sektion für Mineralogie der Geologischen Gesellschaft in der DDR vom 19. bis 20. Juni 1964 in Berlin.

[2)] Für besonders wirksame Hilfe bei der Organisierung der Probenahme von zwei Gesteinen möchte Verf. auch an dieser Stelle Herrn R. HUTH, VEB Geologische Erkundung West, danken.

Magnetit, Hämatit, Biotit, Pyrit, Muskovit (Serizit), Chlorit, Kaolinit, Brauneisen, Calcit, Anatas, Xenotim und Monazit vorhanden.

Von verschiedenen thüringischen Diabasvorkommen, die begangen wurden, machte der sogenannte Diabas von Mellenbach im Schwarzatal makroskopisch den gleichförmigsten Eindruck und wurde deshalb ausgewählt. Die von Herrn STEINIKE (ZGI) durchgeführte petrographische Untersuchung ergab, daß dieses Gestein als Albitbasalt anzusprechen ist. Herr STEINIKE fand als Hauptkomponenten Albit, z. T. Hornblende, aus Pyroxen und Hornblende entstandenen grünen Chlorit, braunen Chlorit, ferner Epidot, Leukoxen und Erz. Er stellte außerdem das Vorhandensein von zwei Varietäten des Gesteins fest. Obwohl diese mineralogische Heterogenität keine chemische bedeuten muß, wurde die spätere elementmäßige Homogenitätsprüfung am Gesteinspulver besonders kritisch vorgenommen.

Der ausgewählte Tonschiefer von Böhlscheiben bei Blankenburg in Thüringen, der dort unter Tage abgebaut wird, erschien makroskopisch über weite Erstreckung sehr gleichförmig. Dieser Eindruck bestätigte sich später dadurch, daß bereits die Stichproben aus dem Gesamthaufwerk von 2 t des vom Werk als Kleinsplitt mit etwa 3 mm größter Achsenlänge gelieferten Materials völlig gleiche Analysen ergaben. Petrographisch wurde das Gestein von Herrn MEISSNER, ZGI, untersucht, der es als einen nach Mineralbestand und Gefüge typischen, leicht feinsandigen Tonschiefer mit sehr geringem Sulfidgehalt beurteilte. Als Hauptgemengeteile stellte er Hellglimmer, Quarz, Chlorit und Feldspat fest. (Ein größerer Pyritgehalt hätte sich beim Lagern des Materials durch Verwittern störend auswirken können.) Stratigraphisch ist das Gestein eine basale Schicht der Phycodenserie des Ordoviziums.

Als Kalkstein sollte kein ausgesprochen reines Gestein genommen werden, sondern ein solches, wie man es gewöhnlich in Bohrungen antrifft. So fiel die Wahl auf den turonischen, schwach mergeligen Kalkstein von Hoppenstedt bei Osterwieck, nördlich des Harzes. Nach der von Herrn ILLERS, ZGI, durchgeführten petrographischen Untersuchung handelt es sich um einen pseudo-oolithischen, kalkarenitischen, tonigen Kalk mit höchstens untergeordnetem Dolomitgehalt.

Soweit das Rohmaterial. Die Weiterzerkleinerung und Vermahlung der Gesteine wurde vom Institut für angewandte Mineralogie, Dresden, übernommen und unter Leitung der Herren RADEISKE und KRAETSCH durchgeführt. Das angelieferte, je 1—2 t umfassende Material wurde mit Ausnahme des bereits als Feinsplitt vorhandenen Tonschiefers nach gründlichem Waschen und Auslesen einzelner angewitterter bzw. deutlich Calcitadern oder dgl. aufweisender Stücke jeweils im Backenbrecher auf <20 mm und dann in der Trommelmühle auf <2 mm zerkleinert. Dann wurde nach innigem Durchmischen je eine Teilmenge von 200 bis 400 kg herausgeviertelt und in der Siebenbürgener Kugelmühle auf im wesentlichen <0,09 mm gemahlen. Die Zwischenklassierung erfolgte dabei mit Windsichter, da ein Absieben der großen Mengen zu aufwendig gewesen wäre. Infolgedessen weisen die Pulver ein Überkorn von rund 3—5% auf. Wir waren der Meinung, daß diese Kornverteilung, d. h. rund 95% Anteil der Körnung <0,09 mm, eine ausreichende Homogenität gewährleistet und Entmischung weitgehend unterbindet. Sicherheitshalber wurden die Pulver aber bald, d. h. vor weiterem Transport, in 300-g-Portionen in Plastbeutel abgefüllt. Die weitere Aufteilung erfolgt im ZGI mit Hilfe eines Riffelteilers auf 100-g-Mengen in Glasflaschen. Wegen des vorhandenen, wenn auch kleinen Überkornanteils ist es ratsam, vor Entnahme von Teilmengen zur Analyse, insbesondere zur Spektralanalyse, die 100 g insgesamt, oder nach Viertelung Teilmengen davon, unter Zwischensiebung auf <0,09 oder besser <0,06 mm nachzumahlen bzw. zu reiben.

Wir sind überzeugt, daß unsere Proben in bezug auf Korngröße und Homogenität mindestens so gut sind wie die amerikanischen, die bei der Herstellung auf Durchgang durch das 0,2-mm-Sieb (G—1) bzw. 0,15-mm-Sieb (W—1) zerkleinert wurden. In diesem Zusammenhang soll kurz etwas über die Homogenität der amerikanischen Proben gesagt werden. Sie, d. h. die Gleichheit von Teilmengen, ist einige Male bezweifelt worden. Es ist, nach der Literatur zu urteilen, aber bisher nie zwingend nachgewiesen worden, daß wirklich Inhomogenitäten bestanden. Meist stellten sich Analysenfehler heraus. So wurde z. B. von FLANAGAN auf Grund recht unterschiedlicher Werte für Blei in Analysen aus früheren Jahren der Verdacht der Inhomogenität gehegt. Bei einer darauf von ihm organisierten Gemeinschaftsanalysierung durch vier Spektral- und zwei chemische Laboratorien stellte sich aber heraus, daß die Unterschiede der gefundenen Gehalte von sechs willkürlich aus dem Vorrat herausgegriffenen Packungen noch kleiner waren als die Standardabweichungen der an und für sich sehr präzisen Analysen. Später haben ROOKE und FISHER die Ausdehnung solcher Untersuchungen auf weitere Elemente angeregt bzw. für nötig befunden, worüber aber noch keine Ergebnisse vorzuliegen scheinen.

Was nun die Homogenität unserer Proben betrifft, so kann gesagt werden, daß sie sehr eingehend geprüft wurde. Diese Untersuchungen wurden in der Hauptsache von den Herren SCHINDLER und FUCHS unter Mitwirkung von Herrn GLOSINSKI im ZGI ausgeführt. Da zur Erlangung von genügend Zahlenmaterial einige tausend Bestimmungen, davon jeweils einige hundert rasch — während der Aufbereitungsarbeiten — gemacht werden sollten, wählten wir die Röntgenfluoreszenzmethode als Hauptarbeitsmittel. Sie gewährleistet eine sehr gute Reproduzierbarkeit, und auf diese kam es für den Nachweis eventueller Unterschiede an. Absolutwerte interessierten zunächst weniger. Zur Überprüfung der Homogenität wurde auf Elemente wie Rb und Sr analysiert, die geeignet sind, die Verteilung der Hauptkomponenten widerzuspiegeln, aber auch auf solche, die wie Zr und Ti an akzessorisch vorkommende Minerale der betreffenden Gesteinsvarietät gebunden sind und deren homogene Verteilung ein besonders sicherer Beweis für die erzielte Homogenität der Gesamtmasse sein dürfte.

Auf die Einzelheiten der Analysen und der sich an diese anschließenden statistischen Auswertung durch Varianzanalyse mit sogenanntem F-Test kann hier nicht näher eingegangen werden. Es sollen nur die wesentlichsten Ergebnisse mitgeteilt werden.

Zunächst wurden aus dem jeweils 1000—2000 kg umfassenden, auf 2 mm zerkleinerten und durchmischten Gesamthaufwerk des Gesteins „Griffproben" von je 200 g entnommen, analysenfein vermahlen und untersucht. Die Prüfung ergab zum Teil keine absolute Gleichheit der 20 Proben. Das war bei der Kleinheit der Griffproben gegenüber der großen Haufwerksmenge auch nicht zu erwarten. Die Übereinstimmung war aber immerhin derart, daß wir zu der Erwartung berechtigt zu sein glauben, daß aus den Großproben später einmal abzuzweigende weitere 200—400-kg-Mengen nach Homogenisierung in sich den jetzt genommenen und feinvermahlenen Mengen völlig gleich sein werden und daß somit die spätere analytische Arbeit nicht mehr erheblich sein wird. Die jetzt hergestellten Pulvermengen (200—400 kg) sind ausreichend für den Bedarf von vielen Jahren, und die Prüfung der Homogenität dieser Pulver war die wichtigste Aufgabe. Zu ihrer Lösung wurden jeweils 30 Stichproben aus den Pulvern entnommen.

Beim Granit, bei dem zwei Chargen von je 200 kg Feinmaterial hergestellt wurden, konnten homogene Verteilung der untersuchten Elemente Rb, Zr und Fe mit 99% statistischer Sicherheit und völlige Gleichheit der beiden Chargen untereinander nachgewiesen werden.

Beim Basalt wurde homogene Verteilung der Elemente Sr, Zr und Mn ebenfalls mit 99% Sicherheit festgestellt, der für Fe ermittelte Wert wich allerdings um einen geringen Betrag von dem theoretischen Wert für 99% Sicherheit ab. Die daraufhin vorgenommenen chemischen Analysen, die von mehreren Analytikern des ZGI je dreifach ausgeführt wurden, ergaben aber nur Abweichungen zwischen den einzelnen Stichproben, die innerhalb der Reproduzierbarkeit der chemischen Methode lagen.

Beim Tonschiefer zeigte sich anhand der untersuchten Elemente Zr und Eisen Homogenität mit 99% Sicherheit.

Beim Kalkstein wurde auf Fe, Sr und Ca analysiert und homogene Verteilung aller drei Elemente ebenfalls mit 99% Sicherheit gefunden. Übrigens wurden von drei Analytikern an mehreren Teilproben chemische Ca-Bestimmungen gemacht. Die mittlere relative Abweichung für die insgesamt 24 Analysen betrug nur $\pm 0{,}12\%$, die mittlere absolute Abweichung war $< 0{,}05\%$.

Nachdem wir uns solchermaßen von der Homogenität unserer Probenpulver überzeugt hatten, übergaben wir 250-g-Mengen zur Analyse an die Laboratorien der Erkundungsbetriebe unseres Industriezweiges zur Bestimmung der Hauptkomponenten. Selbstverständlich führten zwei einschlägige Laboratorien des ZGI die Analysen ebenfalls aus. Hier wird seit einiger Zeit an der Bestimmung von Spurenelementen gearbeitet. Außerdem sandten wir die Proben an sieben und später noch an mehrere weitere Laboratorien namhafter Geologischer Institute im befreundeten Ausland, die sich zur Mitwirkung bereit erklärt hatten, mit der Bitte um Analysierung auf möglichst viele Bestandteile.

Einzelne Spurenelemente werden in DDR-Instituten außerhalb unseres Instituts bestimmt. So hat das Institut für Mineralogie der Bergakademie die Bestimmung von Ge und In zugesagt. In Rossendorf werden einige in geringster Menge vorhandene und radioaktivierungsanalytisch gut erfaßbare Elemente bestimmt, darunter Pt und Ir und Sc. Die genaue Bestimmung von Spurenelementen ist eine schwierige Aufgabe, und es wird wohl noch eine Reihe von Jahren dauern, bis gut gesicherte Ergebnisse für alle diese Elemente vorliegen. An den Werten für G-1 und W-1 werden ja teilweise noch jetzt Korrekturen vorgenommen.

Leider ist festzustellen, daß von den ausländischen Instituten noch sehr wenige Ergebnisse mitgeteilt worden sind, und zwar auch bezüglich der Hauptelemente. Eine Veröffentlichung der Zahlen kann erst erfolgen, wenn die Analysen aller beteiligten Stellen vorliegen. Wir nehmen an, daß dies trotz der bekannten Auslastung oder Überbelastung aller Laboratorien, die offenbar eine internationale Erscheinung ist, gegen Ende 1964 der Fall sein wird. Bis dahin können die Proben nur als interne Standards Verwendung finden; als solche sind sie uns jetzt schon sehr nützlich.

Nachtrag: Im Verlaufe der Tagung, auf der dieser Vortrag gehalten wurde, erklärte sich der Vertreter eines weiteren Instituts aus dem befreundeten Ausland bereits, sich an der chemischen Analysierung auf Hauptkomponenten zu beteiligen. Nunmehr liegen Zusagen zur Mitarbeit von insgesamt zwölf ausländischen Institutionen vor. Außerdem wurde die Zusage eines Laboratoriums des VEB Buna Schkopau auf Mitwirkung bei Spurenbestimmungen erhalten. Von zwei Teilnehmern aus der DDR, insbesondere von Herrn Prof. Dr. LAUTERBACH, wurde die Absicht ausgesprochen, die Proben auch als Standards für die Messung schwacher Radioaktivitäten bzw. auch von Stabilisotopen zu verwenden. Für phasenanalytisch-röntgenographische Untersuchungen sind sie seitens des entsprechenden Arbeitskreises ebenfalls als Standardmaterialien vorgesehen worden.

Zusammenfassung

Da die amerikanischen Standardgesteine G—1 und W—1 nur noch in sehr beschränktem Umfang erhältlich sind, wurden eigene Standardproben geschaffen. Die Reihe umfaßt vier Gesteinstypen: zwei Erstarrungs- und zwei Sedimentgesteine. Sie wurden in so großer Menge hergestellt, daß der Bedarf auf Jahrzehnte hinaus gedeckt sein wird. Die Homogenität des Materials wurde auf röntgenspektrochemischem Wege sorgfältig geprüft. Gegenwärtig ist die weitere Analysierung der Proben im Gange, an der auch Laboratorien geologischer Institute außerhalb der DDR, insbesondere der sozialistischen Länder, beteiligt sind.

Резюме

В связи с тем, что американские стандартные породы G—1 и W—1 можно получить лишь в ограниченном объеме, были созданы собственные стандартные образцы. Этот ряд включает четыре типа пород, а именно: две изверженные породы и две осадочные породы. Они были изготовлены в таком количестве, что потребность в них будет удовлетворена на десятилетия. Однородность материала была тщательно проверена рентгеноспектрохимическим путем. В настоящее время проводится дальнейший анализ проб. В этих работах принимают участие и лаборатории заграничных геологических институтов, особенно социалистических стран.

Summary

The American standard rocks G—1 and W—1 being only available to a very limited extent, own standard samples have been made and include a series of four types: two igneous and two sedimentary rocks. They were prepared in great quantities so that there will be no need of them for decades. The homogenety of the material was carefully examined by way of X-ray spectral analysis. At present, further analysis of samples is under way and includes laboratories of geological institutes outside the G.D.R., in particular those of Socialist foreign countries.

Zur Bildung der Zentralen Konditionskommission[1]

GÜNTER PRATZKA, Berlin

Seit Bildung der Zentralen Vorratskommission für mineralische Rohstoffe (ZVK) im Jahre 1956 werden in der Deutschen Demokratischen Republik die Vorräte mineralischer Rohstoffe nach einheitlichen Bestimmungen berechnet, kontrolliert und bestätigt.

Die Abgrenzung der Vorräte mineralischer Rohstoffe von volkswirtschaftlich unbedeutenden mineralischen Anreicherungen erfolgte bis 1963 fast ausschließlich nach ökonomisch nicht begründeten Richtwerten. Auf dem Gebiet der Erkundung führte das dazu, daß zahlreiche Lagerstätten und volkswirtschaftlich uninteressante mineralische Anreicherungen in einem nicht vertretbaren Umfang untersucht wurden. Bei den in Abbau befindlichen oder zum Abbau vorgesehenen Lagerstätten riefen die — in der Regel zu niedrig (zu günstig) festgelegten — Richtwerte ökonomisch falsche Abgrenzungen der Bilanz- und Außerbilanzvorräte hervor. Bei zahlreichen mineralischen Rohstoffen wie z. B.: Steinkohle, Kupfer-, Blei-Zink- und Eisenerz sind die Bilanzvorräte (im Sinne des Begriffs der ZVK) z. T. wesentlich kleiner, als es die Vorratsbilanzen der ZVK und des Rates für gegenseitige Wirtschaftshilfe ausweisen. Es bedarf keiner Erläuterung, daß unter den genannten Umständen nicht nur die einzelnen Vorratsberechnungen, sondern auch die Vorratsbilanzen der einzelnen Industriezweige bzw. der mineralischen Rohstoffe nur bedingt anwendbar sind.

Für eine wissenschaftlich begründete Jahres- oder Perspektivplanung eines Betriebs oder Industriezweigs sind solche Unterlagen nicht geeignet.

Durch die Arbeit mit allgemeinen Richtwerten wurden spezifische, ökonomisch begründete Forderungen der Industrie nicht oder zu spät bekannt und bei der Untersuchung der Lagerstätte und der ökonomischen Bewertung der Vorräte nicht berücksichtigt. Das führte u. a. zu umfangreichen und kostspieligen Nacherkundungsarbeiten oder zu einer ökonomisch unrationellen Lagerstättennutzung.

Im Bereich der Steine-und-Erden-Industrie wurden durch die Anwendung sehr veralteter Ausrüstungen und Technologien beim Abbau der Lagerstätten und bei der Verarbeitung der mineralischen Rohstoffe unberechtigt hohe Anforderungen an die Vorräte gestellt. Die Vorräte wurden unvollständig erfaßt und unrationell genutzt. Der Volkswirtschaft entstanden beachtliche Verluste.

In der DDR gab es bisher keine staatliche Institution, die die Anforderungen (Konditionen), die an die Lagerstätten und die mineralischen Rohstoffe gestellt werden, prüft und bei der Bestätigung ihre Abstimmung auf die gesamtvolkswirtschaftlichen Interessen sichert.

Beachtet man, daß die Konditionen maximale oder minimale Forderungen sind, die aus technischen, ökonomischen und politischen Gründen von einzelnen Betrieben, Industriezweigen oder staatlichen Organen an Menge, Qualität, Gewinnungs- und Verarbeitungsbedingungen der mineralischen Rohstoffe einer bestimmten Lagerstätte gestellt werden und damit entscheidend die Perspektive eines Betriebes, Industriezweiges, Bezirkes usw. bestimmen, so muß die Staatliche Plankommission an der Aufgabe der Kontrolle und Bestätigung der Konditionen entscheidend mitwirken. Ferner sind bei der Bestätigung der Konditionen die volkswirtschaftlichen Interessen durchzusetzen.

Zur Überwindung der unbefriedigenden Situation in der Ökonomie der Erkundung und Lagerstättenbewertung sowie zur schnelleren Durchsetzung des neuen ökonomischen Systems der Planung und Leitung in der geologischen Erkundung beschloß der Ministerrat der Deutschen Demokratischen Republik am 6. 5. 1964 die Bildung der Zentralen Konditionskommission für Lagerstättenvorräte mineralischer Rohstoffe und bestätigte den Beschluß der Staatlichen Plankommission zur Bildung des Sektors Lagerstättenwirtschaft in der Staatlichen Plankommission.

Am 26. 5. 1964 hat der Vorsitzende der Staatlichen Plankommission, Gen. Dr. ERICH APEL, im Auftrag des Ministerrats der Deutschen Demokratischen Republik die „Anordnung über die Aufgaben auf dem Gebiet der Bestätigung von Konditionen und die Bildung der Zentralen Konditionskommission für Lagerstättenvorräte mineralischer Rohstoffe“ erlassen. Nachfolgend werden einige grundsätzliche Gedanken zu dieser Anordnung erläutert und der Inhalt derselben mitgeteilt.

In der vorliegenden Anordnung wurden die auf dem Gebiet der Festlegung von Konditionen zu lösenden Aufgaben umfassend — d. h. einschließlich der Gebiete Prognose, geologische Erkundung und Nutzung mineralischer Rohstoffe — geregelt.

Die §§ 1 und 2 enthalten: Bildung, Stellung, Verantwortlichkeit und Unterstellung der Zentralen Konditionskommission.

§ 1: „Mit Wirkung vom 15. 5. 1964 wird die Zentrale Konditionskommission für Lagerstättenvorräte mineralischer Rohstoffe, nachstehend Zentrale Konditionskommission genannt, gebildet.“

§ 2, Abs. 1: „Die Zentrale Konditionskommission ist das Organ der Staatlichen Plankommission zur Prüfung und Bestätigung der in den Konditionsanträgen enthaltenen Forderungen der bergbautreibenden und Bergbauprodukte verarbeitenden Industrie — einschließlich der Industrie der Steine und Erden — an Lagerstättenvorräte mineralischer Rohstoffe.“

Abs. 2: „Sie ist für die volkswirtschaftlich richtige Festlegung von Konditionen verantwortlich.“

Abs. 3: „Die Zentrale Konditionskommission ist dem für die Geologie zuständigen Stellvertreter des Vorsitzenden der Staatlichen Plankommission unterstellt.“

Die ehrenamtliche Zentrale Konditionskommission hat mit zwölf Mitgliedern am 4. 6. 1964 die Arbeit aufgenommen. Die volkswirtschaftlich richtige Festlegung von Konditionen (§ 2, Abs. 2) setzt voraus, daß die Anforderungen eines oder mehrerer Betriebe bzw. Industriezweige mit dem Charakter der Lagerstätte, den durchschnittlichen Eigenschaften der Vorräte und den gesamtvolkswirtschaftlichen Interessen übereinstimmen.

In § 3 wurden die Aufgaben der Zentralen Konditionskommission festgelegt.

Pkt. a) „Herausgabe von Richtlinien zur Ermittlung, Zusammenstellung und Vorlage von Konditionen für feste, flüssige und gasförmige mineralische Rohstoffe.“

[1]) Eingang des Manuskripts in der Redaktion: 4. 7. 1964

Die Richtlinien werden kurze allgemeine Rahmenbestimmungen darstellen und annähernd den Zweck der Klassifikationen der Zentralen Vorratskommission erfüllen.

Pkt. b) „Herausgabe von Instruktionen zur Anwendung der im Buchstaben a genannten Richtlinien auf die verschiedenen mineralischen Rohstoffe wie Braunkohle, Kalisalze, Erdöl, Erdgas u. a."

Es ist beabsichtigt, die Instruktionen auf der Grundlage einer von der Zentralen Konditionskommission vorgegebenen Methodik und wenigstens je einem, in jedem Industriezweig erarbeiteten sogenannten Musterkonditionsantrag von Arbeitsgemeinschaften der Industriezweige — unter Leitung des zuständigen Projektierungsbüros — erarbeiten zu lassen. Hierdurch soll gesichert werden, daß die Erfahrungen der Industriezweige und die in den einzelnen Industriezweigen unterschiedliche Bedeutung einzelner Konditionen mit Beginn der Arbeiten ausreichend berücksichtigt werden und außerdem mit der Erarbeitung der Instruktionen in allen Industriezweigen fast gleichzeitig begonnen werden kann.

Grundsätzlich muß — in Übereinstimmung mit den Forderungen des 5. Plenums des Zentralkomitees — die Arbeit weitestgehend vereinfacht und der Umfang an Papier so gering wie möglich gehalten werden. In einer mit der Zentralen Vorratskommission gemeinsam zu bildenden Arbeitsgruppe wird geprüft werden, wie Aufbau und Inhalt von Konditionsantrag und Vorratsberechnung so aufeinander abgestimmt werden können, daß der Konditionsantrag voll zum Bestandteil des technisch-ökonomischen Teils der Erläuterungen zur Vorratsberechnung werden kann und damit jegliche Doppelarbeit vermieden wird. Ferner werden bei den Fachabteilungen der Staatlichen Plankommission und des Volkswirtschaftsrates keine Konditionsanträge verbleiben. Die genannten Fachabteilungen erhalten das Bestätigungsprotokoll mit den Konditionen, Grenzwerten usw. und bei Bedarf das bei der Zentralen Konditionskommission verbleibende Exemplar des Konditionsantrags aus dem Archiv der Zentralen Konditionskommission zur Einsichtnahme ausgeliehen. Der Antragsteller erhält von fünf einzureichenden Anträgen vier zur Verwendung im Rahmen der Vorratsberechnung zurück. Die Einreichung der Konditionsanträge in fünf Exemplaren ist im Interesse einer kurzfristigen Prüfung und Bestätigung (4—8 Wochen) erforderlich.

Pkt. c) „Zusammenstellung und Auswertung der in anderen Ländern angewandten Konditionen."

Die Arbeitsergebnisse sollen internationale Vergleiche ermöglichen und u. a. gesamtvolkswirtschaftlichen sowie handelspolitischen Überlegungen dienen. Die Ergebnisse dürften ferner für die Festlegung von Richtwerten zur Berechnung prognostischer Vorräte und zur Durchführung von Sucharbeiten nützlich sein.

Pkt. d) „Beratung der mit der Erarbeitung von Konditionen beauftragten Betriebe, Institutionen oder Arbeitsgruppen."

Zur Sicherung einer rationellen Arbeit, zum frühzeitigen Erkennen der Bedeutung der wichtigsten, insbesondere technisch-ökonomischen Faktoren usw., werden die Beratung, Konsultation und Anleitung (letzteres im Rahmen des Möglichen) wichtiger Bestandteil der Arbeit der Zentralen Konditionskommission sein.

Pkt. e) „Vorgabe von höchstzulässigen Selbstkosten pro Mengeneinheit des Produktes mineralischer Rohstoffe und von Richtwerten zur Ermittlung von prognostischen Vorräten mineralischer Rohstoffe."

Auf der Grundlage der Programme der Industriezweige, des Planes der Generalperspektive und der Prognose der Entwicklung der Zweige der Volkswirtschaft sollen in Zusammenarbeit mit den zuständigen Fachabteilungen der Staatlichen Plankommission und des Volkswirtschaftsrates diese dringend benötigten Kennziffern und Richtwerte erarbeitet bzw., wo sie bereits vorliegen, überprüft und den Betrieben der geologischen Erkundung vorgegeben werden.

Pkt. f) „Prüfung der Anträge zur Bestätigung von Konditionen und Bestätigung derselben nach Abstimmung mit den Fachabteilungen der Staatlichen Plankommission und des Volkswirtschaftsrates."

Die Prüfung und Bestätigung der beantragten Konditionen sind die Hauptaufgabe der Zentralen Konditionskommission und ihres hauptamtlichen Apparates, des Sektors Lagerstättenwirtschaft der Staatlichen Plankommission. Da die Fachabteilungen für die perspektivische Entwicklung ihrer Industriezweige zuständig und verantwortlich sind, erfolgt die Bestätigung der Konditionen in Abstimmung mit den genannten zentralen Staatsorganen.

§ 4 regelt die Lösung jener Aufgaben auf dem Gebiet der Konditionen, die nicht unmittelbar in den Aufgabenbereich der Zentralen Konditionskommission fallen. Er betrifft die Kontrolle und Bestätigung der vorläufigen Konditionen, die in der geologischen Erkundung bis zum Zeitpunkt der Arbeiten zur Übergabe einer Lagerstätte an die Industrie angewandt werden. Um den hauptamtlichen Apparat der Zentralen Konditionskommission möglichst klein zu halten, wurde dieser Aufgabenkomplex dem für die Leitung der geologischen Erkundung verantwortlichen staatlichen Organ übertragen.

§ 4, Abs. 1: „Vorläufige Konditionen sind durch den Leiter der Abteilung Erdöl, Erdgas und Geologie des Volkswirtschaftsrates zu bestätigen. Vor der Bestätigung von vorläufigen Konditionen für die Detailerkundung von Erdöl- und Erdgaslagerstätten sowie bedeutenden Kohle-, Kali- und Erzlagerstätten ist die Zustimmung der Zentralen Konditionskommission einzuholen."

Abs. 2: „Die Anträge, Gutachten und Bestätigungsprotokolle von vorläufigen Konditionen sind von der Abteilung Erdöl, Erdgas und Geologie des Volkswirtschaftsrates der Zentralen Konditionskommission in einem Exemplar zur Einsichtnahme und Auswertung zu übergeben."

Abs. 3: „Die Anträge zur Bestätigung von vorläufigen Konditionen sind durch Experten zu begutachten."

Abs. 4: „Der Leiter der Abteilung Erdöl, Erdgas und Geologie des Volkswirtschaftsrates ist berechtigt, Experten zur Begutachtung von Anträgen für vorläufige Konditionen zu berufen. Die Berufung von Experten aus anderen Organen und Einrichtungen erfolgt in Abstimmung mit dem zuständigen Leiter."

Abs. 5: „Über die im Rahmen der Prüfung und Bestätigung von vorläufigen Konditionen erforderliche Zusammenarbeit sowie über die nach Abs. 1 notwendigen Festlegungen treffen der Leiter der Zentralen Konditionskommission und der Leiter der Abteilung Erdöl, Erdgas und Geologie des Volkswirtschaftsrates Vereinbarungen."

Die im 2. Satz des 1. Absatzes festgelegte Forderung wird u. a. wie folgt begründet: Vor der Detailerkundung ist eingehend zu prüfen und zu entscheiden: 1. Reichen die industriellen Vorräte aus, um einen Abbau mit ökonomisch vertretbarem Aufwand durchzuführen, d. h., handelt es sich um Bilanz- oder Außerbilanzvorräte? 2. Ist der Abbau der Lagerstätte im Anschluß an die Erkundung vorgesehen, und können die dafür erforderlichen Mittel zu diesem Zeitpunkt bereitgestellt werden, oder kommt der Abbau — trotz ungedeckten Rohstoffbedarfes — aus dem genannten Grunde im Zeitraum der Generalperspektive nicht in Frage? Die volkswirtschaftliche Bedeutung einer neuerkundeten Lagerstätte ist so früh wie möglich zu klären.

Bei der Prüfung von Konditionsanträgen hat die gutachterliche Tätigkeit von Experten große Bedeutung (Abs. 3 und 4).

Die Vorteile sind:

1. Prüfung der z. T. speziellen Probleme durch dafür geeignete Experten;

2. Nutzung von Arbeitskraftreserven, da die Gutachten in der Regel außerhalb der Arbeitszeit gegen Honorar angefertigt werden;

3. weitere Qualifizierung der Experten durch ihre Gutachtertätigkeit — insbesondere auf dem Gebiet der komplexen (geologischen, technischen und ökonomischen) Bewertung der Lagerstätten und ihrer Rohstoffe einschließlich ihrer Gewinnung und Nutzung.

§ 5 regelt die Rechte der Zentralen Konditionskommission. Die festgelegten Rechte verstehen sich aus den Aufgaben, die der Zentralen Konditionskommission als einem Kontroll- und Prüforgan der Staatlichen Plankommission — insbesondere in den §§ 2 und 3 der Anordnung vom 26. 5. 1964 — übertragen wurden.

§ 5, Abs. 1: „Die Zentrale Konditionskommission ist berechtigt,

Pkt. a) auf der Grundlage von Zeitplanvorschlägen der Vereinigungen Volkseigener Betriebe die Termine für die Einreichung von Konditionsanträgen in Abstimmung mit den Vereinigungen Volkseigener Betriebe festzulegen."

Die Festlegung der Termine ist im Interesse einer kurzfristigen Prüfung der Anträge erforderlich. In der vorläufigen Arbeitsordnung der Zentralen Konditionskommission werden die für die Prüfung und Bestätigung zur Verfügung stehenden Zeitspannen (in der Regel 4–8 Wochen) festgelegt.

Pkt. b) „die Einreichung von Konditionsanträgen und die Überarbeitung von bestätigten Konditionen zu bestimmten Terminen zu fordern, wenn infolge neuer geologischer Untersuchungsergebnisse oder wesentlicher Veränderungen technischer oder ökonomischer Faktoren die Überprüfung und Neufestlegung von Konditionen erforderlich wird;"

Pkt. c) „zur Prüfung von Konditionsanträgen Experten hinzuzuziehen und Gutachten anzufordern."

Nach der Bestätigung eines Konditionsantrages wird die Entwicklung der wichtigsten geologischen, technischen und ökonomischen Kennziffern weiter verfolgt und durch Nachträge und neue Konditionsanträge in bestimmten Zeitabständen systematisch überprüft. Insbesondere sind Ergänzungen oder Neueinreichungen nach Bestätigung der Aufgabenstellung, des Projektes bzw. nach Vorlage der tatsächlichen Werte der ersten Betriebsjahre bei neuaufgeschlossenen Lagerstätten bzw. neuen Aufbereitungs- oder Verarbeitungstechnologien oder ökonomischen Maßnahmen (z. B. Industriepreisreform) erforderlich.

Pkt. d) „zu den eingereichten Anträgen im Bedarfsfalle weitere Unterlagen von den Betrieben und Institutionen anzufordern, Originaldokumente einzusehen sowie zusätzliche Erläuterungen zu verlangen;"

Pkt. e) „in Abstimmung mit dem Volkswirtschaftsrat und unter Hinzuziehung von Vertretern aus Projektierungsbüros, Instituten und Hochschulen Arbeitsgruppen zur Lösung bestimmter Grundsatzfragen unter Leitung der Zentralen Konditionskommission zu bilden."

Da im Bereich der Lagerstättenwirtschaft zahlreiche grundsätzliche Fragen zu lösen sind, wird der Arbeit mit Arbeitsgruppen große Bedeutung beigemessen.

§ 5, Abs. 2: „Die Zentrale Vorratskommission für mineralische Rohstoffe und die Fachabteilungen der Staatlichen Plankommission und des Volkswirtschaftsrates sind berechtigt, bei der Zentralen Konditionskommission die Ausarbeitung bzw. Neufestlegung von Konditionen zu fordern."

Die Zentrale Konditionskommission ist ein Kontroll- und Prüforgan der Staatlichen Plankommission und auf Grund ihrer Arbeit in der Lage, Faktoren zu erkennen, die die Überprüfung der Konditionen erforderlich machen. Die Fachabteilungen der zentralen Staatsorgane können durch ihre verantwortungsvolle Tätigkeit der Planung und Leitung der Volkswirtschaft frühzeitig solche Veränderungen usw. erkennen bzw. selbst festlegen, die eine Überarbeitung der bestätigten Konditionen notwendig machen.

§ 6 beinhaltet die grundsätzlichen Festlegungen der Arbeitsweise der Zentralen Konditionskommission. Die Einzelheiten der Arbeitsweise werden in der „Vorläufigen Arbeitsordnung der Zentralen Konditionskommission" geregelt.

§ 6, Abs. 1: „Die Zentrale Konditionskommission arbeitet nach einer Arbeitsordnung, die vom zuständigen Stellvertreter des Vorsitzenden der Staatlichen Plankommission zu bestätigen ist."

Abs. 2: „Die Zentrale Konditionskommission überprüft die Anträge zur Bestätigung von Konditionen in der Regel auf der Grundlage von Gutachten."

Abs. 3: „Die Zentrale Konditionskommission entscheidet über die Konditionsanträge in Anwesenheit des Antragstellers."

Aus der „Vorläufigen Arbeitsordnung der Zentralen Konditionskommission" werden nach ihrer Bestätigung die Abschnitte veröffentlicht, die für den Antragsteller von Interesse sind.

§ 7 legt die Verbindlichkeit der Beschlüsse und Dokumente der Zentralen Konditionskommission fest.

§ 7, Abs. 1: „Die von der Zentralen Konditionskommission bestätigten Konditionen sind für alle Betriebe der geologischen Erkundung und der bergbautreibenden Industriezweige verbindlich."

Abs. 2: „Für den Inhalt, die Form und die Vorlage der Anträge zur Bestätigung von Konditionen gelten die von der Zentralen Konditionskommission herausgegebenen Richtlinien und Instruktionen."

§ 8 regelt die Leitungsprinzipien und die Zusammensetzung der Zentralen Konditionskommission sowie die Berufung des Leiters, der Mitglieder und Experten.

§ 8, Abs. 1: „Die Zentrale Konditionskommission besteht aus dem Leiter, dem Stellvertreter und den ehrenamtlichen Mitgliedern."

Abs. 2: „Die Zentrale Konditionskommission wird nach dem Prinzip der Einzelleitung geleitet."

Abs. 3: „Der Leiter der Zentralen Konditionskommission wird durch den Vorsitzenden der Staatlichen Plankommission berufen und ist dem für die Geologie zuständigen Stellvertreter des Vorsitzenden der Staatlichen Plankommission für die gesamte Tätigkeit der Zentralen Konditionskommission verantwortlich und rechenschaftspflichtig."

Abs. 4: „Die ehrenamtlichen Mitglieder der Zentralen Konditionskommission werden von dem Leiter der Zentralen Konditionskommission vorgeschlagen und vom zuständigen Stellvertreter des Vorsitzenden der Staatlichen Plankommission berufen. Die Berufung von Mitgliedern aus anderen Organen und Einrichtungen, die nicht der Staatlichen Plankommission nachgeordnet sind, erfolgt in Abstimmung mit dem zuständigen Leiter."

Abs. 5: „Der Leiter der Zentralen Konditionskommission kann zur Beratung und Prüfung von Konditionsanträgen und Gutachten Arbeitsgruppen bilden, die von einem Mitglied der Zentralen Konditionskommission angeleitet werden. Die Berufung von Experten als Mitglieder dieser Arbeitsgruppen erfolgt durch den Leiter der Zentralen Konditionskommission. Für die Berufung von Experten aus anderen Organen gilt die Regelung in Abs. 4, Satz 2, entsprechend."

Der Leiter und der Stellvertreter des Leiters der Zentralen Konditionskommission sind Mitarbeiter der Staatlichen Plankommission. Auf Beschluß der Staatlichen Plankommission (vom 3. 4. 1964) wurde in der Staatlichen Plankommission der Sektor Lagerstättenwirtschaft gebildet. Es wurde ferner festgelegt, daß der Leiter des Sektors Lagerstättenwirtschaft gleichzeitig mit der Leitung der Zentralen Konditionskommission zu betrauen ist. Der Sektor Lagerstättenwirtschaft wurde anstelle eines hauptamtlichen Sekretariates der Zentralen Konditionskommission gebildet. Zur Sicherung einer kollektiven Beratung mit maßgeblichen Experten eines Industriezweiges — insbesondere in der Vorbereitung von wichtigen Beschlüssen — ist die Zusammenfassung von 6–8 Experten zu einer Expertenarbeitsgruppe zweckmäßig und notwendig. Die Expertenarbeitsgruppen arbeiten Empfehlungen an die Mitglieder der Zentralen Konditionskommission aus. Die Generaldirektoren der VVB können einen Experten als Leiter der für ihren Industriezweig zuständigen Expertenarbeitsgruppe einsetzen und ihn verpflichten, den Standpunkt der Arbeitsgruppe bzw. VVB in der Sitzung der Zentralen Konditionskommission zu vertreten. Die Arbeitsgruppen werden angeleitet von einem Mitglied der Zentralen Konditionskommission oder einem Mitarbeiter des Sektors Lagerstättenwirtschaft.

§ 9: „Die Zentrale Konditionskommission wird im Rechtsverkehr durch den Leiter vertreten. Im Falle seiner Verhinderung wird sie durch den vom Leiter benannten Stellvertreter oder ein vom Leiter beauftragtes Mitglied der Zentralen Konditionskommission vertreten."

§ 10: „Diese Anordnung tritt mit ihrer Verkündung in Kraft."

Sie wurde am 29. 6. 1964 im Gesetzblatt Nr. 62, Teil II, veröffentlicht.

Zu einem späteren Zeitpunkt wird über weitere Fragen der Erarbeitung, Prüfung und Bestätigung von

Konditionsanträgen und die in diesem Zusammenhang zu lösenden grundsätzlichen Aufgaben berichtet werden.

Auf Grund der erläuterten Anordnung sind alle Anträge zur Bestätigung von „vorläufigen Konditionen" an den Leiter der Abteilung Erdöl, Erdgas und Geologie des Volkswirtschaftsrates — und von „Konditionen" an die Zentrale Konditionskommission für Lagerstättenvorräte mineralischer Rohstoffe einzureichen.

Sämtliche Anträge müssen die Unterschriften des Leiters des einreichenden Betriebes (Dienststelle) und des Generaldirektors der VVB tragen.

Für die kleineren Betriebe der Steine-und-Erden-Industrie bzw. für volkswirtschaftlich nicht bedeutende Vorhaben wird eine Regelung vorbereitet, die eine Prüfung und Bestätigung der Konditionsanträge durch die übergeordnete oder für den Betrieb zuständige VVB bzw. die zuständigen staatlichen Organe des Bezirks vorsieht.

Zusammenfassung

In einer kurzen Einschätzung der Auswirkungen der Anwendung von ökonomisch ungenügend begründeten Richtwerten in der geologischen Erkundung, der ökonomischen Lagerstättenbewertung und der Vorratsbilanzierung wird die Bildung der Zentralen Konditionskommission als ein Organ der Staatlichen Plankommission begründet.

Anschließend wird die vom Vorsitzenden der Staatlichen Plankommission erlassene „Anordnung über die Aufgaben auf dem Gebiet der Bestätigung von Konditionen und die Bildung der Zentralen Konditionskommission für Lagerstättenvorräte mineralischer Rohstoffe" mit einigen kurzen Erläuterungen wiedergegeben.

Резюме

В краткой оценке результатов применения экономически недостаточно обоснованных ориентировочных показателей при геологической разведке, экономической оценке месторождений и учете запасов, обосновывается учреждение Центральной комиссии по кондициям в качестве органа Госплана.

Затем печатается изданное председателем Госплана „Распоряжение о задачах в области утверждения кондиции и об учреждении Центральной Комиссии по кондициям для запасов месторождений полезных ископаемых" с некоторыми краткими обьяснениями.

Summary

Effects are briefly estimated which were caused by the use of reference values insufficiently founded from an economic point of view in geological exploration, as well as by an economic evaluation of deposits and balancing of reserves. The reasons for the constitution of a Central Condition Commission as an organ of the State Plan Commission are given.

An "Instruction concerning obligations in the field of confirmation of conditions and the constitution of a Central Condition Commission for deposit reserves of mineral raw materials" is printed and briefly discussed.

Für die sorgfältige ökonomische Beurteilung von Armerzen[1]

(Ein Diskussionsbeitrag zum Aufsatz von B. F. NOWOSHILOW, Moskau; Z. angew. Geol., 10, H. 3, Berlin 1964)

FRIEDRICH STAMMBERGER, Berlin

1. Zur diskutierten Problematik

Die von B. F. NOWOSHILOW (1964) begonnene Diskussion ist nicht nur für die UdSSR aktuell. Verständlicherweise wird sie in jedem Lande durch die vorhandene Versorgung mit Lagerstätten stark beeinflußt. Daraus ergeben sich Vorrang und Bedeutung einzelner Grundfragen, ebenso gewisse Unterschiede und Nuancen in deren Beantwortung.

Sollen die durch den technischen Fortschritt (Modernisierung des Berg- und Hüttenwesens) geschaffenen Möglichkeiten zur Erhöhung der Arbeitsproduktivität dazu genutzt werden, die Selbstkosten der Produktion zu senken oder bei gleichbleibenden Selbstkosten die Lagerstätten intensiver zu nutzen, d. h. ärmere Erze in den Abbau und die Verarbeitung einzubeziehen? Diese Frage hat gegenwärtig m. E. die *größte* praktische Bedeutung, weil sie eng mit dem neuen ökonomischen System der Planung und Leitung unserer Volkswirtschaft verbunden ist. Nur zu dieser Frage wird hier Stellung genommen, obwohl damit die Bedeutung anderer keineswegs geschmälert werden soll.

Die DDR unterscheidet sich von der UdSSR bergwirtschaftlich vor allem dadurch, daß sie bei den meisten mineralischen Rohstoffen (ausgenommen Braunkohle, Kali sowie Steine und Erden) keine der von NOWOSHILOW erwähnten günstigeren „Ersatzlagerstätten" oder auch nur die Möglichkeit der *Lagerstättenauswahl* besitzt. In vielen Fällen sind wir wegen unserer begrenzten Versorgung mit guten Lagerstätten gezwungen, relativ arme zu nutzen. Das führt zu niedriger Arbeitsproduktivität und geringem Nutzeffekt in einer Reihe von Zweigen unserer Grundstoffindustrie und wirkt sich ungünstig auf die gesamte Volkswirtschaft aus.

Aus diesem Grunde muß das Ausmaß (die Intensität) der volkswirtschaftlich erzwungenen Nutzung armer Lagerstätten ökonomisch besonders sorgfältig bestimmt werden, zumal die Festlegung der Konditionen für solche Lagerstätten noch komplizierter und schwieriger ist als bei normalen Lagerstätten. Im Hinblick auf die Praxis ist vor allem darauf zu antworten, ob und in welchem Ausmaß die ärmsten Lagerstättenteile ohnehin ungünstiger Lagerstätten gegenwärtig genutzt werden sollen.

In der Bergwirtschaft der DDR sind hinsichtlich der minderwertigen Rohstoffe zwei entgegengesetzte Tendenzen zu beobachten. In den Zweigen, die relativ gut mit Lagerstättenvorräten versorgt sind (z. B. Braunkohle), werden oft ohne ausreichende geologisch-ökonomische Begründung *zu große* und nicht gerechtfertigte Vorratsverluste zugelassen. In mit Vorräten weniger günstig ausgestatteten Zweigen (z. B. Buntmetalle) werden dagegen — ebenfalls ohne ausreichende ökonomische Begründung — derzeit oft noch Vorräte abgebaut, die unvertretbar hohe Selbstkosten verursachen.

Das macht die richtige ökonomische Beurteilung der Armerze gegenwärtig zum entscheidenden Kettenglied bei der Lösung der unserer Bergwirtschaft gestellten Aufgaben.

[1]) Eingang des Manuskripts in der Redaktion: 21. 4. 1964

2. Industrieller Minimalgehalt, geologischer Schwellengehalt und die Selbstkosten

Die richtige ökonomische Beurteilung der Armerze beeinflußt nicht nur die Festlegung des geologischen Schwellengehalts, sondern auch die des industriellen Minimalgehalts. Sie muß sich ferner auf die Haltung der Betriebe zu eintretenden Vorratsverlusten u. a. auswirken.

a) Der industrielle Minimalgehalt

Der industrielle Minimalgehalt ist in zweifacher Hinsicht ein Minimum. Einerseits drückt er Mindestforderungen der Verbraucher (der verarbeitenden Industrie) aus, ohne deren Einhaltung die wirtschaftliche Verarbeitung des Rohstoffs unmöglich ist. Andererseits ist er ein Gehaltswert, der für die berechneten Vorräte von der Lagerstätte *mindestens* gebracht werden kann.

Der industrielle Minimalgehalt — das deutet seine Bezeichnung an — ist in der Regel jedoch keine Grenze, deren Überschreitung verboten ist. Höhere Gehalte im gelieferten Erz sind vielmehr für die verarbeitende Industrie vorteilhaft, weil sie zu größerem Nutzeffekt führen. Die Überschreitung des industriellen Minimalgehalts führt lagerstättenseitig gewöhnlich zu einer Verringerung der wirtschaftlich nutzbaren Vorräte und bedarf deshalb einer sorgfältigen ökonomischen Begründung.

Der industrielle Minimalgehalt ist eine geologisch-ökonomische Kategorie. Richtig festgelegt, bringt er das volkswirtschaftliche Interesse an einer haushälterischen Nutzung der vorhandenen Lagerstätten bei vertretbarem Aufwand zum Ausdruck.

In dieser Eigenschaft ist er jedoch nicht mehr als eine Direktive, die in jedem Falle durch den Bergmann und den Geologen mit geologisch-ökonomischem Verständnis angewandt werden muß. Der industrielle Minimalgehalt ist ja nicht nur ein Minimum, sondern auch ein Durchschnitt, der sich aus der — im allgemeinen überall vorliegenden — ungleichmäßigen Vererzung der Mineralkörper ergibt.

Der bestätigte industrielle Minimalgehalt in den Konditionen enthebt den Geologen nicht der Verpflichtung, geologisch-ökonomisch zu prüfen, wann und in welchem Maße relativ reiche Erzpartien mit ärmeren verschnitten werden können, selbst dann, wenn durch eine solche Verschneidung der industrielle Minimalgehalt nicht einmal erreicht, geschweige denn unterschritten wird. Kurz gesagt: Der Geologe darf sich keineswegs automatisch verpflichtet fühlen, sich aus günstiger Vererzung für die Gewinnung anbietende ökonomische Vorteile durch unüberlegte Einbeziehung von Armerzen zunichte zu machen.

Der in der Kondition vorgegebene industrielle Minimalgehalt (in Verbindung mit allen übrigen Faktoren) stimmt gewöhnlich ökonomisch mit den im Plan vorgegebenen Selbstkosten überein bzw. läßt deren Unterbietung zu. Dabei — bei der Festlegung der Konditionen — wird vom erreichbaren technischen Höchststand ausgegangen: bei Neuanlagen vom international erreichten Niveau, bei bestehenden Betrieben von dem durch vertretbare Rekonstruktion optimal erreichbaren.

Auch nach der Industriepreisreform werden unsere bergmännischen Betriebe z. T. mit betrieblichem Gewinn oder Verlust arbeiten. Bei Gewinnbetrieben wird das Interesse an einem größeren Gewinn fast automatisch die bisherigen Selbstkosten zu einer Kennziffer machen, die möglichst zu unterbieten ist. Bei den Verlustbetrieben ist die neue Regelung ebenfalls ein Fortschritt, weil in den neuen Betriebspreisen das Reineinkommen der Betriebe mit dem Verlust gekoppelt ist. Von der Höhe des vorgesehenen Reineinkommens ist allerdings abhängig, wie intensiv die Selbstkostensenkung stimuliert wird oder ob die bisherigen Selbstkosten die Stellung „zugestandener" Selbstkosten einnehmen, die im Durchschnitt zwar eingehalten werden müssen, im Einzelfall jedoch auch beträchtlich überschritten werden dürfen.

Diese Schlußfolgerung ergibt sich aus den besonderen Verhältnissen im Bergbau, bei denen die Selbstkosten der einzelnen Produktionseinheiten unvergleichlich stärker variieren als z. B. in der Fertigungsindustrie. Die aus der übrigen Industrie bekannte Formel für die Stückselbstkosten:

$$\text{Stückselbstkosten} = \frac{\text{Gesamtselbstkosten}}{\text{Produktionsmenge}}$$

liefert im Bergbau einen wenig aussagekräftigen Durchschnittswert, der den tatsächlichen Kostenaufwand für ungünstig erzeugte Produktionsmengen verschleiert.

Daraus möchte Verf. die Aufgabe als vordringlich ableiten, im Bergbau bei Berücksichtigung der dort vorliegenden besonderen Verhältnisse *die Bedeutung vorgegebener Selbstkosten möglichst weitgehend der in anderen Produktionszweigen anzunähern.* Das bedeutet:

a) Wenn Selbstkosten stets als Kennziffern des Durchschnitts der Produktion vorgegeben werden, dürfen die Selbstkosten einzelner Produktionseinheiten zwar um diesen Durchschnitt streuen, sie dürfen jedoch *nicht das Mehrfache* der vorgegebenen Selbstkosten ausmachen, wie es gegenwärtig im Bergbau noch oft üblich ist.

b) Für das gleiche Produkt eines Betriebes darf es auch im Bergbau, ebenso wie in der gesamten Industrie, nur *einen* vorgegebenen Wert für die Selbstkosten geben und nicht mehrere (z. B. einen zweiten für Metall aus Armerzen).

c) Vorgegebene Selbstkosten sind in allen Fällen — und ganz besonders in Verlustbetrieben — eine zu unterbietende Kennziffer. Das erfordert u. a. die geologisch-ökonomisch durchdachtere Einbeziehung von Armerzen, d. h. ihre Einbeziehung nur nach sorgfältiger geologisch-ökonomischer Prüfung.

Der vorgegebene Selbstkostensatz verpflichtet die Betriebe *in allen Fällen*, den jeweiligen Rohstoff — wenn irgend möglich — billiger als vorgesehen zu gewinnen.

Der Bergmann muß für seine Arbeit zusammenhängende größere Vorratsflächen zur Verfügung haben. Jeder Praktiker weiß, daß innerhalb einer solchen Fläche, selbst wenn sie durch die Isohypse des industriellen Minimalgehalts begrenzt wird, in der Regel Erzpartien mit Gehalten über und unter diesem Gehalt liegen. Meist ist zunächst (ohne rechnerische Kontrolle) nur grob zu erkennen, ob für diese Fläche der industrielle Minimalgehalt über- oder unterschritten wird. Diese Fläche ist jedoch der Grundstock für die zu nutzenden Vorräte; für ihn muß vordringlich entschieden werden, ob es sinnvoller ist, ihn allein abzubauen oder seinen Abbau mit dem ärmerer Teile zu kombinieren. Diese

Entscheidung ist bei einer geologisch-ökonomisch begründeten und bestätigten Kondition bestenfalls allgemein gefällt; der Geologe ist jedoch keineswegs von konkreten geologisch-ökonomischen Entscheidungen bei der Anwendung der Konditionen befreit.

Die vom Bergmann und Geologen zu entscheidende Frage spitzt sich somit auf *den* Metallinhalt im Erz zu, der einen Abbau noch vertretbar erscheinen läßt.

b) Der geologische Schwellengehalt

Bergmännisch werden die Gewinnungskosten vor allem durch den Gehalt, die Mächtigkeit und die Lagerungsverhältnisse, daneben durch die Lage des Erzes in der Lagerstätte (Entfernung vom Förderschacht, besondere Abbausohle erforderlich oder nicht usw.) und durch die bergtechnischen Verhältnisse (Hydrogeologie u. a.) bestimmt. Alle diese Faktoren müssen bei einer richtigen Entscheidung berücksichtigt werden. Nachfolgend sei nur ein Faktor, der Mindestmetallinhalt, etwas näher überprüft, d. h., für alle anderen Faktoren sei hier *angenommen*, daß sie keinen ungünstigen Einfluß ausüben, also die Selbstkosten nicht zusätzlich erhöhen.

Der geologische Schwellengehalt wurde in der Vergangenheit oft falsch verstanden und gedeutet. Es wurde an anderer Stelle (F. STAMMBERGER 1962) bereits darauf hingewiesen, daß er

a) *keine* untere Berechnungsgrenze ist, d. h. nicht alle über dem geologischen Schwellengehalt liegenden Erze — unabhängig von ihrem Einfluß auf den industriellen Minimalgehalt — zu den Bilanzvorräten geschlagen werden dürfen;

b) *keine* Verpflichtung ist, alle Vorräte mit über dem Schwellengehalt liegenden Gehalten den Bilanzvorräten zuzuordnen, wenn der industrielle Minimalgehalt für die Gesamtvorräte nicht unterschritten wird;

c) *keine* technologische Grenze ist, d. h. mit der Summe der Gehalte in den Abgängen der Aufbereitung und Verhüttung übereinstimmt (s. E. LEWIEN 1960).

Der geologische Schwellengehalt ist lediglich eine Qualitätsgrenze, bis zu der Material zur Verschneidung besserer Erze benutzt werden darf. Er sagt jedoch nichts darüber aus, wieviel Armerz (und mit welchen Eigenschaften) zur Verschneidung *tatsächlich* verwendet wird.

Es muß in der praktischen Arbeit somit unterschieden werden zwischen der unteren Qualitätsgrenze (geologischer Schwellengehalt), bis zu der Erz noch zur Verschneidung benutzt werden darf, und dem tatsächlichen Metallgehalt im Erz (in der Gehaltsspanne zwischen Minimalgehalt und Schwellengehalt liegend), das in jedem konkreten Falle zur Verschneidung herangezogen wird.

Wie muß der geologische Schwellengehalt festgelegt werden?

Offensichtlich liegt die wirtschaftlich noch vertretbare Verschneidungsgrenze dort, wo der Aufwand für Gewinnung, Aufbereitung und Verhüttung eine noch annehmbare Relation zum ausbringbaren Metallinhalt der Armerze aufweist. (Vereinfachen wir zum besseren Verständnis der Darlegung den Tatbestand und rechnen wir nachfolgend nur mit Gewinnung und Verhüttung.)

Was ist „noch annehmbar"? Annehmbar ist offenkundig nur, daß der summare Aufwand mit den vorgegebenen Selbstkosten übereinstimmt. Bedeutet das nicht, daß überhaupt kein Erz unter dem industriellen Minimalgehalt abgebaut werden dürfte? Keineswegs, denn die Selbstkosten unterscheiden sich innerhalb der Lagerstätte bedeutend. Daraus ergeben sich verschiedene ökonomische Beurteilungen für die in der Lagerstätte anstehenden Armerze und unterschiedliche Forderungen an ihre Metallführung.

3. Die ökonomische Einschätzung der anstehenden Erze

Für die ökonomische Einschätzung der anstehenden Erze ist zunächst das Verhältnis der Arm- zu den Reich- bzw. Normalerzen und die Gesamtmenge der letztgenannten von Bedeutung. Reichen die Normalerze in ihrer Gesamtheit zur Amortisierung der vorhandenen oder vorgegebenen Betriebsanlagen aus, ergibt sich eine grundsätzlich andere Ausgangsposition für die konkrete Beurteilung der Armerze als im entgegengesetzten Falle.

a) Bei für die Amortisation ausreichenden Vorräten normaler Erze

In solchen Fällen ist zunächst zu prüfen, ob der Abbau von Armerzen nicht den laut Plan zu bringenden Metallausstoß gefährdet. Ist dies nicht der Fall, d. h., ist der Abbau von Armerzen nicht durch die Kapazität vorhandener Anlagen eingeengt, kann ihr Abbau *erwogen* werden, wobei in ihre zu berechnenden Selbstkosten die Amortisationen nicht eingehen. Der Metallinhalt der Armerze kann folglich um einen (den zu tragenden Amortisationen entsprechenden) Anteil unter dem der Normalerze mit industriellem Minimalgehalt liegen.

Gewährleisten die Normalerze den betrieblich vorgesehenen Gewinn, können die Armerze vom Gewinnanteil befreit werden und eine weitere Senkung des Gehalts für die Armerze eintreten, d. h., sie werden nach dem Grundsatz einer „gewinn- und verlustlosen Produktion" im volkswirtschaftlichen Interesse am Naturalprodukt abgebaut.

Diese Erörterungen gingen davon aus, daß sich die Armerze vom normalen nur durch ihren Gehalt unterscheiden, ihre mineralische Zusammensetzung folglich keine metallurgischen Erschwernisse durch zusätzliche schädliche Komponenten usw. mit sich bringt. Treffen diese Voraussetzungen nicht zu, müssen sie zusätzlich berücksichtigt werden.

Wenn das Ausbringen für verschiedenhaltige Erze und die Verhüttungskosten einer Tonne Erz bekannt sind, können bei beliebigem Metallgehalt des Aufgabeerzes an die Hütte die für eine Tonne Metall benötigten Erzmengen und deren Verhüttungskosten berechnet werden.

Der in der Kondition vorzugebende geologische Schwellengehalt muß so festgelegt werden, daß der Gehalt des Aufgabeerzes noch vertretbare, d. h. den vorgegebenen Selbstkosten entsprechende Hüttenkosten einer Tonne Metall zuläßt. Mit anderen Worten: Die Hüttenkosten dürfen die Gesamtselbstkosten — also bergmännische Kosten des Erzes gleich Null gesetzt — nicht überschreiten.

Die für Armerze in eine bergmännische Kostenrechnung einzusetzenden Posten sind außerordentlich veränderlich:

a) Zwangsläufig bei der Aus- und Vorrichtung anfallendes Armerz müßte — wenn es nicht genutzt wird — u. U. auf die Halde oder in den Versatz gegeben werden. Seine bergmännische Gewinnung und u. U. seine Förderung kann daher — wenn es verhüttet wird — bei der Selbstkostenermittlung dieses Erzes mit Null in die Rechnung eingehen. Der Gehalt solcher Erze wird somit die Verschneidungsgrenze, d. h. den geologischen Schwellengehalt, erreichen.

b) Armerze, die zwangsläufig bei der Aus- und Vorrichtung normaler Erze aufgeschlossen wurden, brauchen offenkundig nicht mit den Aus- und Vorrichtungskosten belastet zu werden. Ihre bergmännischen Kosten werden folglich nur aus den unmittelbaren Abbaukosten bestehen.

c) Armerze in Randgebieten der Lagerstätte auf bereits aufgefahrenen Sohlen brauchen analog nur mit den für sie anfallenden Vorrichtungskosten nebst Abbaukosten belastet zu werden.

d) Armerze, die nur mit Hilfe zusätzlicher Aus- und Vorrichtungsarbeiten abgebaut werden können, müssen mindestens solche Gehalte über dem geologischen Schwellengehalt besitzen, daß die zusätzlich anfallenden Kosten für Aus- und Vorrichtung, die zusätzlichen Bewetterungs- und Entwässerungskosten usw. nebst Abbaukosten gedeckt werden.

Es zeigt sich also, daß die für den Abbau von Armerz in Ansatz zu bringenden bergmännischen Kosten — von den allgemeinen Amortisationen und dem Reineinkommen des Betriebes abgesehen — im Bereich von Null bis zu den vollen Kosten für Normalerze liegen. Ihre Gewinnung ist nur vertretbar, wenn sie mit ihrem Metallinhalt die jeweils zu berechnenden Kosten decken können. Das ist auch eine der tieferen Begründungen für eine Festlegung der ZVK — die merkwürdigerweise oft unbegründet kritisiert wurde —, daß der geologische Schwellengehalt innerhalb einer Lagerstätte unbeständig ist, von Block zu Block wechseln kann „und in jedem einzelnen Falle vom Betriebs- bzw. Erkundungsgeologen auf Grund der vorliegenden Vererzungsverhältnisse festgelegt" wird (Blei-Zink-Instruktion der ZVK, 1957). Allerdings diente dieser Hinweis seinerzeit vor allem der Veränderlichkeit des Gehalts im Verschneidungserz im Hinblick auf die sich anbietenden unterschiedlichen Verschneidungsmöglichkeiten.

Hier muß ausdrücklich darauf aufmerksam gemacht werden, daß die dargelegten Gesichtspunkte *nur* Bedeutung haben, wenn sich Arm- und Reicherze im Erzkörper geologisch abgrenzen lassen. Wenn es sich um eine chaotische Verteilung armer und reicher Gehaltswerte im Mineralkörper handelt, die in bunter Folge neben- und durcheinander liegen, muß das Erz als Ganzes betrachtet werden. Die durchschnittlichen Eigenschaften dieses Erzes bestimmen dann dessen Bilanzcharakter. Bei solchen Vererzungsverhältnissen entfällt das Problem der Verschneidung, weil die im Normalerz verstreuten Partien armer Erze nolens volens mitgebaut und nicht ausgehalten werden können.

Sind die Armerze zwar abgrenzbar, liegen sie jedoch inselartig inmitten reicher oder normaler Erze und ist der Aufwand für ihr bergmännisches Aushalten größer als der Mehraufwand für ihren Abbau, werden sie gewöhnlich mitgebaut. Die Entscheidung, ob sie auch verhüttet werden, hängt von ökonomischen Gesichtspunkten ab und davon, ob durch die entsprechende Belastung der Produktionskapazität der geplante Metallausstoß gefährdet ist oder nicht.

b) Bei für die Amortisation nicht ausreichenden Vorratsmengen normaler Erze

Reichen die normalen und Reicherze für die Amortisation nicht aus, muß entschieden werden, in welchem Ausmaß die Armerze bei ihrem Abbau mit entsprechenden Amortisationsanteilen belastet werden müssen. Daraus ergibt sich zwangsläufig eine gewisse Erhöhung des geologischen Schwellengehalts und des Gehalts in den jeweiligen Verschneidungserzen. Grundsätzlich ist die bergmännische Beurteilung der Armerze jedoch nach den gleichen Gesichtspunkten durchzuführen, wie oben beschrieben.

Die gegenwärtig häufig zu beobachtende Praxis, für Metall aus Armerz einfach eine höhere — meist gegriffene — Selbstkostengrenze (z. B. das Eineinhalbfache) vorzugeben, muß als schädlich abgelehnt werden, weil

a) solche Festlegungen dazu führen, einer tatsächlichen ökonomischen Begründung für den Abbau der Armerze auszuweichen, und

b) grundsätzlich falsche Vorstellungen über die Höhe der zulässigen Selbstkosten für Metall aus Armerz gezüchtet werden.

Die Festlegung des geologischen Schwellengehalts und das Ausmaß der Verschneidung sind nicht nur schwierig (diese Schwierigkeit wurde vom Geologen bisher häufig übersehen) und sehr verantwortlich (es können beträchtliche betriebliche und volkswirtschaftliche Verluste entstehen), sie muß unbedingt auch differenziert erfolgen, wenn Fehlentscheidungen vermieden werden sollen.

Die verbreitete Betrachtungsweise der Armerze einer Lagerstätte unter dem ausschließlichen Aspekt ihres Metallgehalts ist falsch und abzulehnen. Bei diesen Erzen müssen rechtzeitig sowohl ihre tatsächlichen bergmännischen Kosten bestimmt, die anfallenden Verarbeitungskosten berücksichtigt und ihre Summe mit den im Plan vorgesehenen Selbstkosten für eine Tonne Metall verglichen werden.

Der industrielle Minimalgehalt darf — ganz besonders in Verlustbetrieben — nicht so sehr als untere Grenze eines Durchschnitts verstanden werden, die zwar nicht unterschritten werden darf, jedoch einen wirtschaftlich günstigen Ablauf des Betriebsgeschehens noch sichert. Hier ist er vielmehr eine untere Warngrenze, bei deren Unterschreitung *ein bereits ungünstiges Betriebsergebnis in ein katastrophales umgewandelt wird.* Es ist einleuchtend, daß sich die sonst maßgebenden Gesichtspunkte (wie Verschneidung relativ hochhaltiger Erze mit Armerz, Mitgewinnung ungünstiger Lagerstättenteile beim Abbau günstiger u. a.) in Verlustbetrieben von Grund auf von denen in normalen Lagerstätten und in Gewinnbetrieben unterscheiden müssen.

Wenn der Metallgehalt des Erzes — x (als Bruch)
das Hüttenausbringen — b (als Bruch)
die Hüttenkosten 1 t Erz — k_1 in MDN
die bergmänn. Kosten 1 t Erz — k_2 in MDN
die vorgegebenen Selbstkosten 1 t Metall — S in MDN

sind, werden für eine Tonne Metall $\frac{10000}{x \cdot b}$ Tonnen Erz benötigt. Die Hüttenkosten einer Tonne Metall sind dann: k_1 multipliziert mit diesem Bruch; die bergmännischen Kosten: gleich dem Produkt aus k_2 und diesem Bruch. Dann gilt in jedem Falle die Gleichung bzw. Ungleichung:

$$\frac{10000}{x \cdot b}(k_1 + k_2) \leqq S$$

Auf der linken Seite werden k_2 und b in einer Reihe von Technologien relativ konstant sein. Dann darf bei sonst gleichen Umständen k_1 (die bergmännischen Kosten für eine Tonne Erz) in der Regel nur größer werden, wenn auch x, d. h. der Metallgehalt, wächst. Anders ausgedrückt, x darf nur unter den industriellen Minimalgehalt absinken, wenn k_1 durch Eintreffen einer der obenaufgezählten Umstände verringert wird.

Für den oberflächlichen Betrachter bleiben diese Zusammenhänge verborgen. Er wird nur die Ungleichheit der Gehalte im Erz sehen. *Ihm bleibt verschlossen, daß diese Ungleichheit aus der Gleichheit der Nutzeffekte hervorgeht.*

4. Führt der technische Fortschritt zu einer Senkung des industriellen Minimalgehalts und des geologischen Schwellengehalts?

Muß eine verbesserte Technologie und der wissenschaftliche Fortschritt in Gewinnung und (oder) Verhüttung zu einer Senkung der Forderungen an den mineralischen Rohstoff bzw. an die Lagerstätte führen? Theoretisch ist das der Gang der normalen Entwicklung. *Ihr konkreter Ablauf hängt jedoch wesentlich von ihrem Ausgangspunkt ab.*

Während die perspektivische Planung unserer Kali- und Braunkohlenindustrie mit einer solchen Entwicklung unbedingt rechnen muß, wird der technische Fortschritt z. B. in unserer Buntmetallindustrie zunächst und in erster Linie dazu dienen, die Stützungen der Verlustbetriebe zu beseitigen, d. h., die Arbeitsproduktivität in diesen Betrieben zu erhöhen.

Es wäre falsch, wenn die durch Modernisierung unserer Berg- und Hüttenindustrie entstehenden Möglichkeiten in diesen Zweigen nicht zu einer Selbstkostensenkung genutzt würden, wenn sie durch weitere Herabsetzung der Gehalte im Aufgabeerz egalisiert und damit die derzeitige Stützung dieser Betriebe gewissermaßen verewigt würde.

In dieser Hinsicht hält Verf. die von B. F. NOWOSHILOW geäußerten Gedanken für richtig und auch für die DDR gültig. In Lagerstätten mit normalen Bedingungen (Gehalt, Mächtigkeit, Rohstoffreserven u. a.) muß der technische Fortschritt zur intensiveren Nutzung der Lagerstättenvorräte führen. Neben der komplexen Verwertung des Rohstoffs (aller Komponenten, möglichst auch der Schlacke und der Flotationsabgänge) steht die Einbeziehung minderwertiger Rohstoffsorten, d. h. der Armerze, dabei im Vordergrund. Ihre Nutzung ist jedoch nur vertretbar, wenn die technologischen und ökonomischen Voraussetzungen gegeben sind. Fehlen diese, führt das zwangsläufig zu volkswirtschaftlichen Verlusten: bei Abbau der Armerze ebenso wie bei ihrem möglichen endgültigen Verlust bei Nichtgewinnung. Es ist eine Aufgabe der ökonomischen Forschung in unserer Bergwirtschaft, bei solcher Alternative für jede Entscheidung die volkswirtschaftlich günstigste Lösung zu finden.

Die hier dargelegten — notgedrungen skizzenhaften — Gedanken sind m. E. ausreichend, um unsere Ökonomen auf einige vordringliche geologisch-ökonomische Forschungsaufgaben hinzuweisen. Auch für unsere Montanwirtschaftswissenschaftler gilt, was E. APEL (1964) zur ökonomischen Forschung allgemein formulierte:

„Die Konzentration der ökonomischen Forschung auf die Ausarbeitung von Problemen der perspektivischen Entwicklung der Volkswirtschaft verlangt auch einen zielgerichteten, wissenschaftlichen Vorlauf zur Lösung der zukünftig auftretenden ökonomischen Probleme. Die Notwendigkeit ergibt sich vor allem daraus, daß die sich stürmisch entwickelnden Produktivkräfte und die Wirkung ökonomischer Gesetze immer rascher zu neuen ökonomischen Lösungen drängen, auf deren Beherrschung wir uns rechtzeitig vorbereiten müssen."

Die Geologen und Bergleute der DDR warten mit Ungeduld auf die Ergebnisse solcher Forschungen, weil sie z. T. bereits gegenwärtig benötigt werden.

Darüber hinaus sollte festgelegt werden, daß die bestätigten Konditionen für alle wichtigen Lagerstätten in Verbindung mit der Ausarbeitung der Siebenjahrpläne unbedingt überprüft werden, selbst wenn diese Überprüfung nicht in jedem Falle zu ihrer Veränderung führt. Dadurch wird die Verläßlichkeit der Planungsunterlagen erhöht und die geologisch-ökonomisch optimale Nutzung unserer Lagerstätten begünstigt.

Literatur

APEL, E.: Aktuelle Fragen der ökonomischen Forschung. — Dietz-Verlag Berlin 1964.
LEWIEN, E.: Zur Frage der Bauwürdigkeit. — Z. angew. Geol., 6, H. 1, 30—32, Berlin 1960.
NOWOSHILOW, B. F.: Über die Qualität von Buntmetallerzen und die Rentabilität der Produktion. — Z. angew. Geol., 10, H. 3, 113—118, Berlin 1964.
STAMMBERGER, F.: Zur ökonomischen Bewertung von Lagerstätten nutzbarer Rohstoffe. — Freiberger Forsch.-H., C 147, Akademie-Verlag, Berlin 1962.

Polystyrol BW glasklar, ein Eindeckungsmittel für mikroskopische Präparate[1]

K. KÖBSCH & H.-U. WEGNER, Mittenwalde

Als klassisches Einbettungsmittel mikroskopischer Präparate und zu deren Haltbarmachung ist der aus dem Harz einer kanadischen Tanne hergestellte Kanadabalsam allseits bekannt. Das Harz ist optisch isotrop und hat eine Lichtbrechung von $n = 1{,}535-1{,}544$.

In jüngster Zeit waren Bestrebungen im Gange, dieses verhältnismäßig teure und aus dem kapitalistischen Ausland zu importierende Produkt durch Kunstharze mit ähnlichen Eigenschaften aus eigener Produktion zu ersetzen, die relativ

[1] Eingang des Manuskripts in der Redaktion: 17. 4. 1964
Das in diesem Beitrag geschilderte Verfahren ist als Patent bestätigt worden.

billig hergestellt werden können. Nach längeren Laboruntersuchungen ist es uns gelungen, einen Kunststoff als Eindeckungsmittel für mikroskopische Präparate, vornehmlich für Dünnschliffe, zu finden, der sich bisher bestens bewährte. Dieser wird unter der Bezeichnung Polystyrol BW glasklar in dem VEB Chemische Werke Buna großtechnisch hergestellt. Es ist eine durch Blockpolymerisation aus Styrol hergestellte thermoplastische Formmasse von farblosem bis gelblichem Aussehen, die in Form von farblosen Schnitzeln, in PVC-Säcken verpackt, in den Handel kommt. Es ist, wie der Name sagt, klar durchsichtig, völlig farblos und wie Kanadabalsam nicht doppelbrechend.

Als Eindeckungsmittel wird es analog dem Kanadabalsam in Xylol zu einer leicht viskosen Flüssigkeit gelöst und wie üblich mit einem Glasstab auf die gut gesäuberte Schliffoberfläche getropft, nachdem das Präparat auf die gewünschte Schliffdicke gebracht wurde. Danach wird der Dünnschliff mit einem Deckgläschen abgedeckt. Etwa noch vorhandene Luftbläschen werden durch vorsichtigen Druck auf das Deckgläschen entfernt. Nach 4 bis 6 Tagen ist das Eindeckungsmittel völlig erhärtet, und der Dünnschliff kann zu mikroskopischen Untersuchungen herangezogen werden, während nach eigenen Erfahrungen eine Kalterhärtung bei der Verwendung von in Xylol gelöstem Kanadabalsam nicht vor 14 Tagen beendet war. Die wesentlich schnellere Erhärtung des Polystyrol BW liegt darin begründet, daß das in diesem enthaltene Lösungsmittel besser abgegeben wird, als es bei der Verwendung des Kanadabalsams der Fall ist.

Die Lichtbrechung liegt bei $n = 1{,}588-1{,}589$ bei Zimmertemperatur und wurde mit dem ABBE-Refraktometer bestimmt. Der Erweichungspunkt liegt lt. Literatur bei 72–80° C. Als Einbettungsmittel sämtlicher mikroskopischer Präparate verwenden wir das unter der Bezeichnung Phthalat G Schkopau bekannte Kunstharz des VEB Chemische Werke Buna. Dieses hellbräunliche feste Harz, das keine Lösungsmittel enthält, besitzt eine Lichtbrechung von $n_D^{20} = 1{,}5695-1{,}5725$ und einen Erweichungspunkt bei 69–76° C.

Bei vorsichtigem Erwärmen des Phthalat G konnte die Verarbeitungstemperatur unter 100° C gehalten werden, so daß ohne Schwierigkeiten Salzgesteine ohne Modifikationsumwandlungen und Gefügeänderungen verarbeitet wurden, da der Erweichungspunkt unterhalb der Umwandlungstemperaturen einiger Salzminerale liegt. Die umfangreichen Laboruntersuchungen hatten folgende Ergebnisse:

1. Wurde ein Präparat mit Phthalat G aufgekittet und mit Polystyrol BW glasklar eingedeckt, das vorher in Xylol zu einer leicht viskosen Flüssigkeit gelöst wurde, so ergaben sich keinerlei Schwierigkeiten, da wegen der Unlöslichkeit des Phthalat G in Xylol keine Reaktion zwischen Einbettungsmittel (Phthalat G) und Eindeckungsmittel (Polystyrol BW glasklar) auftrat.

2. Wurde jedoch ein Präparat mit Kanadabalsam aufgekittet und mit in Xylol gelöstem Polystyrol BW glasklar eingedeckt, so traten nach einigen Tagen vom Rande des Deckgläschens her honiggelbe Schlieren zwischen Präparat und Deckgläschen auf, die daher stammen, daß das im Eindeckmittel Polystyrol BW enthaltene Xylol den leicht in Xylol löslichen Kanadabalsam (als Einbettungsmittel) unter dem Präparat herausgelöst hatte und sich in Form von Schlieren und kleinen Bläschen unter dem Deckgläschen ansammelte.

Dabei ist zu beachten, daß zur Zubereitung des Polystyrols BW glasklar als leicht viskoses Eindeckungsmittel größere Mengen an Xylol verbraucht werden als zur Herstellung des Eindeckungsmittels aus Kanadabalsam in der bisher bekannten Art. Dieser größere Gehalt an Xylol bewirkte bei der Verwendung von Kanadabalsam als Einbettmittel dessen Auflösung unter dem Präparat.

Unter Aufkitten bzw. Einbetten mit Phthalat G Schkopau und Eindecken der Präparate mit Polystyrol wurden von Gesteinsarten verschiedenster Zusammensetzung und unterschiedlicher Korngröße zahlreiche Dünnschliffe mit gutem Erfolg hergestellt. Die Hauptmasse der aus unserem Erkundungsbereich anfallenden Gesteinsproben besteht neben Vulkaniten und Plutoniten vorwiegend aus Karbonatgesteinen und Anhydriten.

Als Einbettungsmittel ist Polystyrol BW glasklar nicht geeignet. Zahlreiche Versuche zeigten, daß der Kunststoff, wenn er durch Erhitzen auf den einseitig mattgeschliffenen Objektträger aufgebracht wird, bei anschließendem Erkalten spröde wird und bei der hohen Zugbeanspruchung, wie sie beim Schleifprozeß auftritt, vom Objektträger abbröckelt.

Zusammenfassung

Durch Blockpolymerisation aus dem monomeren Styrol entsteht der in unserer Republik großtechnisch hergestellte Kunststoff Polystyrol BW glasklar. Der Kunststoff ist völlig farblos, frei von Doppelbrechung und stellt, in Xylol zu einer leicht viskosen Flüssigkeit gelöst, ein geeignetes Eindeckmittel für mikroskopische Präparate dar, wenn das Kunstharz Phthalat G Schkopau als Einbettmittel benutzt wird. Polystyrol BW glasklar erhärtet bei Zimmertemperatur schon nach wenigen Tagen.

Beim Mikroskopieren der mit diesem Mittel eingedeckten Präparate entstehen keinerlei Schwierigkeiten, noch tritt eine Reaktion mit dem Einbettungsmittel Phthalat G ein, wie die bereits vor zwei Jahren hergestellten Dünnschliffe verschiedener Gesteinsarbeiten beweisen.

Резюме

Путем блоковой полимеризации из мономерного стирола получается изготовленная в нашей республике в крупнотехническом масштабе пластмасса „полистироль БВ, прозрачный как стекло". Эта пластмасса совершенно бесцветна и свободна от двупреломления. Она растворена в ксилоле в легко вязкую жидкость и представляет собой пригодную перекрывающую среду для микроскопических препаратов, если используется синтетическая смоля „фталат Г Шкопау" в качестве иммерсионной среды. „Полистироль БВ, прозрачный как стекло" затвердевает при комнатной температуре уже после нескольких дней.

При микроскопическом исследовании перекрытых этим веществом препаратов никакие затруднения не возникают; также не имеет место реакция с иммерсионной средой „фталат Г", как это доказывают приготовленные два года тому назад тонкие шлифы раличных пород.

Summary

Polystyrene BW as clear as glass is prepared from monomeric styrene and is manufactured on a large scale in our Republic. It is completely colourless, free from double refraction and, provided the synthetic resin phtalate G Schkopau is used as an imbedding agent, is an appropriate covering agent for microscopic preparations when dissolved into a slightly viscous liquid in xylene. Polystyrene BW as clear as glass hardens at room temperature already after a few days.

Thin ground sections of different rocks already made two years ago show that preparations covered by this agent neither involve difficulties in microscopic work nor result in a reaction with the imbedding agent phtalate G.

Literatur

BAUTSCH, H.-J., & A. RICHTER: Ein neues Gießharz als Einbettungsmittel für An- und Dünnschliffe. – Z. angew. Geol., 5, S. 36–37 (1959).

LÖFFLER, K.: Phthalopal G, ein neues synthetisches Einbettungsmittel. – Geologie, 1, S. 384–389, Berlin 1952.

In den nächsten Heften der Zeitschrift für angewandte Geologie

erscheinen u. a. folgende Beiträge

I. G. STJOPIN: Über die Notwendigkeit hydrodynamischer Untersuchungen beim Abbau von Erdöllagerstten

G. ADLER & M. LEHMANN: Die erdmagnetische Vermessung Ostthüringens, des Vogtlands und des Westerzgebirges

R. SCHUBERT & M. STAMMBERGER: Die Berechnung von Dachschiefervorräten in Lagerstätten

L. GALILÄER, G. HÖSEL & G. M. UTECHIN: Über Borminerale und Scheelit im Skarn von Pöhla

H. SCHULZ: Beobachtungen an westerzgebirgischen Quecksilbervorkommen

J. TOMOR: Forschungsergebnisse über die Entstehung und Altersbestimmung ungarischer Erdöle

A. STEINMÜLLER: Zusammenhänge zwischen Auslaugung, Lagerungs- und Oberflächenformen im thüringischen Eichsfeld

H. J. ROGGE: Vergleich der Lagerungsverhältnisse und Schwermineralführung postglazialer Seifen an der estnisch-lettischen Küste und der DDR

Herausgeber: Zentrales Geologisches Institut und Zentrale Vorratskommission für mineralische Rohstoffe der Deutschen Demokratischen Republik. Für die kollektive Chefredaktion: Dr. K. KAUTER (Redaktionssekretär), Berlin. Redaktion: Berlin N 4, Invalidenstraße 44. Verlag: Akademie-Verlag GmbH, Berlin W 8, Leipziger Straße 3–4 (Fernsprecher 220441, Telex 011773, Postscheckkonto: Berlin 35021). Bestellnummer des Heftes 1047/10/10. Alleinige Anzeigenannahme DEWAG-WERBUNG, Berlin C 2, Rosenthaler Str. 28/31, und alle DEWAG-Betriebe in den Bezirksstädten der DDR. Die „Zeitschrift für angewandte Geologie" erscheint monatlich. Bezugspreis 2,– MDN je Heft. – Satz und Druck: VEB Druckhaus „Maxim Gorki", Altenburg. Veröffentlicht unter der Lizenznummer 1279 des Presseamtes beim Vorsitzenden des Ministerrates der Deutschen Demokratischen Republik. Kartengenehmigung: Nr. 656, 859, 894, 987 u. 994/64

Kolibri 360 GmbH
Ferdinand-Jühlke-Straße 7
99095 Erfurt, Deutschland
produktsicherheit@kolibri360.de